십대를 위한
유쾌한
수학
콘서트

십대를 위한 유쾌한 수학 콘서트

(1등 수학을 위한 고3까지의 수학 로드맵)

[교실밖 교과서®] 시리즈 NO.20

지은이 | 조안호
발행인 | 김경아

2017년 6월 1일 1판 1쇄 인쇄
2017년 6월 6일 1판 1쇄 발행

이 책을 만든 사람들
책임 기획 | 김경아
북 디자인 | 김효정
교정 교열 | 좋은글
경영 지원 | 홍종남

이 책을 함께 만든 사람들
종이 | 제이피씨 정동수·정충엽
제작 및 인쇄 | 다오기획 김대식·유재상

펴낸곳 | 행복한나무
출판등록 | 2007년 3월 7일. 제 2007-5호
주소 | 경기도 남양주시 도농로 34, 부영e그린타운 301동 301호(도농동)
전화 | 02) 322-3856 팩스 | 02) 322-3857
홈페이지 | www.ihappytree.com
도서 문의(출판사 e-mail) | e21chope@daum.net
※ 이 책을 읽다가 궁금한 점이 있을 때는 출판사 e-mail을 이용해주세요.

ISBN 978-89-93460-85-8
"행복한나무" 도서번호 : 096

:: [교실밖 교과서®] 시리즈는 "행복한나무" 출판사의 청소년 브랜드입니다.

:: 이 책은 [수학에 올인하라]의 장정개정판입니다.

십대를 위한
유쾌한
수학
콘서트
• 조안호 지음 •

행복한
나무

프롤로그

연산과 개념, 두 마리 토끼를 어떻게 잡을 것인가?

집에서 아이에게 문제집을 직접 풀려본 학부모라면, 아이가 문제를 풀다가 문장제 문제나 조금 생각해야 하는 문제가 나오면 곧장 별표를 치고 넘어간 것을 본 적이 있을 것이다. 이들 문제들 상당수는 어떤 설명도 없이 다시 풀어보라는 강제만으로도 아이가 해결할 수 있는 문제들이다. 그렇다고 아이가 끈기나 집요함이 부족한 성향이라고 치부해 버릴 수는 없다. 그리고 이런 습관을 고치지 않으면 장기적으로는 수학을 포기할 것이라고 경고하고 싶다. 필자는 지난 20년간 이 한 문제를 해결하기 위해 고군분투해왔다 해도 과언이 아니다. 아이의 심리나 수학의 개념을 연구해 왔으며, 연산, 도형, 문장제를 각각 따로 교재로 만들어서 가르쳐도 보았다. 필자가 생각해 낼 수 있는 방법은 모두 동원해보았다. 그래서 만족하지는 않았지만 어느 정도 성과를 내었고 그 결과물로 여러 권의 책을 내게 되었던 것이다. 아이가 생각해야 하는 문제에서 별표를 치고 넘어가는 것에 담긴 의미를 잠시 생각해보자.

초등3, 4학년에서 생각을 닫는 아이들, 수학의 결정타는 5학년이다

한 마디로 '아이가 문제를 잘 풀다가'에서 문제는 대부분 연산 문제이고, 별표를 친 문장제 문제는 개념 문제이다. 초등 3-4학년을 지나면서 사칙연산은 더 이상 의미를 생각해야 하는 문제가 아니라 점차 도구화 된다. 그냥 튀어 나와야 한다는 말이다. 연산 문제는 쉽지만 숫자가 커서 짜증나는 방향으로 가는 대신에, 문장제 문제는 사칙연산의 개념을 활용하는 상황이기에 급격히 어려워져 개념을 배우지 않은 아이들에게는 넘을 수 없는 벽이 되어간다. 이해가 안 되는 문제를 무조건 풀게 하는 것은 올라갈 수 없는 벽을 쳐다보게 하는 것과 같고, 이때 무력감 내지 요령을 배우거나 거부의 마음을 갖게 된다.

개념을 배워야 하는 때에 학원을 보내서 무조건 문제집을 잔뜩 풀리는 것은 오히려 생각을 하지 않는 아이로 만들 수도 있다. 이때 수학에서 생각을 닫는 것은 단순히 수학을 못하는 데에만 국한 되는 것은 아니다. 생각의 수준이 평생 그 정도에 머물 수도 있으며 실제 어른 중에서도 그때 멈춘 사람들이 많다. 물론 수학에서의 결정타는 온통 분수를 다루는 5학년이다. 닫힌 마음으로 바라보는 수학에서 분수는 연산조차 머리를 쓰도록 하기 때문이다.

연산과 개념의 문제를 분리하라

초등학교에서 가장 중요한 것은 단연코 연산이지만, 하다 보면 저절로 될 수 있을 것이라고 우습게 여기는 것도 연산이다. 제 학년에서 잡아야 할 연산을 부족하게 잡았을 경우에도 학부모는 알아차리기가 어렵다. 설사 많이 부족하다해도 보통 알아차리기까지 2년이 걸린다. 심하지 않다면 초등 5학년에서 문제가 되며 중학교에 올라가서도 당장은 나타나지 않다가 중2 연립방정식이나 중3의 인수분해에서 나타나는데, 이때는 시간 상 거의 손을 쓸 수가 없게 된다. 물론 연산을 잡는다고 해서 수학을 잘하는 것은 아니다. 수학은 원래 생각하는 과목인데 연산은 생각하는 것이 아니기 때문이다.

수학을 잘하기 위해서 갖추어야 할 필수조건으로 개념이 있다. 연산과 함께 개념을 잡아야 비로소 중·고등학교에서 생각하는 수학으로 발전할 수 있을 것이다. 그런데 학부모 입장에서는 연산과 개념을 동시에 잡기가 어렵다. 시중의 문제집은 연산을 잡기에는 문제의 수가 극히 적고, 개념을 잡기에는 문제집의 설명이 부실하다. 게다가 문제집은 연산과 개념이 혼재되어 있어서 개별 문제마다 문제풀이의 속도가 다르다. 아이들은 연산 문제와 개념 문제를 구분하지 않고 모든 문제의 풀이속도가 동일하길 바란다. 문제집을 풀다가 풀 수 있는 문장제 문제조차 별표를 치고 넘어간 주된 이유이다. 그리고 연산 문제는 빨리 푸는 데 반해 문장제 등 개념이 들어있는 문제는 오래 걸릴뿐더러 생각해봐도 모르겠던 경험을 가지고 있기 때문이다.

연산과 개념은 분리하여야 한다. 어차피 연산력은 문제집에 나와 있는 몇 개의 문제만으로 길러지기는 어렵다. 별도로 연산만 나와 있는 문제집이나 학습지 또는 주산학원 등을 통해서 빠르기만을 길러주는 것이 좋다. 연산력을 별도로 기르고 있다면 문제집에서는 연산 문제를 빼고 문장제 문제만 풀도록 하면 된다. 그런데 개념으로 알려주는 문제집이 없으니 개념은 별도로 필자의 책 「초등수학 개념사전 62」를 지침으로 삼았으면 좋겠다.

개념을 못 잡으면 고등학교에서 수학을 포기한다

많은 사람들이 수학은 사고력이 필요하고 사고력으로 이끌 수 있는 개념을 익히는 것이 중요하다고 말한다. 하지만 현실은 아이들에게 개념을 가르치고 사고력을 향상시키는 방향으로 이끄는 것이 아니라 문제들을 유형별로 정리하고 유형을 익히는 기술을 가르치는 것이 대부분이다. 중학교까지는 유형별로 정리하며 문제를 많이 푸는 것만으로도 시험점수를 잘 받기 때문에 잘못 가르치는 것을 깨닫기 어렵다. 대부분의 중학교 수학 선생님들은 문제를 만들지 않고 문제집 문제를 그대로 출제하는 경우가 많기 때문이다. 따라서 문제집 문제의 유형을 많이 풀어본 아이들이 중학교까지는 더 공부를 잘할 수 있다. 그러나 중학교 우등생 70%가 고등학교에서 추락을 하고 있다는 것을 아는가?

물론 중학교에서 공부를 못하고 고등학교에 가서 잘할 수는 없지만, 그렇다고 중학교에서 공부를 잘한다는 것이 고등학교에서 잘 할 것이라는 보장도 없다. 중학교의 시험문제를 보면 대입해서 계산만 하면 풀리는 문제가 50%가 넘는다. 그런데 중학생이 방정식을 푼다거나 대입하여 계산하는 것은 생각하는 것이 아니다. 결국 이런 식으로 공부한다는 것은 자칫 아무 생각 없이 중학교 3년을 보낼 수도 있다. 개념을 깊이 하는 훈련을 하지 않고 고등학교에 올라간 학생들이 고1의 수학 문제를 처음 접하면 이런 말을 하게 된다.

"이렇게까지 생각해야 하나?"
"다시 푼다 해도 이런 문제는 못 풀 거야."
"해답지가 나를 더 힘들게 해!"

고등수학 문제는 생각을 깊게 해야 하는 문제로 구성되어 있다. 이런 말들을 하는 많은 아이들이 중학교에서 성적이 안 좋았던 아이들이 아니다. 어떤 유형의 문제를 푸는 가장 좋은 기술적인 방법은 항상 존재한다. 그래서 선생님이 기술을 가르쳐주면 굉장히 좋은 방법처럼 보이고 선생님으로부터 벗어나지 못하는 원인이 된다. 스스로 문제를 풀 수 있는 능력을 키우기 어렵다는 말이다. 때로는 기술도 필요하지만 기술은 다른 유형에 적용할 수 없고 맥락이 없어서 기억의 매카니즘과도 어긋난다. 유형적 접근은 당장의 문제해결을 위해서도 많은 반복이 필요하고 자칫 장기적으로는 모두 잊어서 공부를 하지 않은 것과 같은 상태가 될 수도 있다. 즉, 공부는 많이 한 것 같은데 머릿속은 아무것도 쌓인 게 없다는 것이다. 수학의 목표는 단연코 문제해결력을 높이는 것이 목표인데 기술적인 접근으로는 도달하기 어렵다.

문제해결력을 위해서 다양한 것들이 필요하지만 단연코 손에 꼽는 것은 깊은 생각이다. 그래서 생각하는 것을 깊이 하는 사고력이 중요하다고 말하는 것이다. 그런데 아이에게 깊이 생각하라면서 기껏 조언하는 것이 '문제를 잘 읽어봐라'라는 말이다. 잘 읽었다는 아이의 말에 어떤 대답을 해 줄 수 있을까? 개념을 가르치지 않는다면 더 잘 읽으라고 윽박지르는 말밖에 해줄 것이 없다. 깊이 생각하는 것도 단계가 있는 것이고 먼저 생각의 출발부터 할 수 있어야 하며 그 출발이 개념이어야 한다. 물론 문제를 해결하기 위해서는 연산도 필요하고 개념도 필요하며 깊은 생각으로 유도하는 끈기와 집요함도 모두 필요하다. 기본적인 연산은 초등학교에서 배웠다 쳐도 최소한 중학교에서는 개념을 가르치고 생각하도록 유도해야 한다. 물론 개념을 익힌다고 끝나는 것이 아니라 개념을 가지고 적용하는 유형을 다루어야 한다. 고등학교 모의고사나 수능시험은 중학교처럼 시중에 있는 문제가 아니라 문제를 직접 만든다. 아이들이 태어나서 생전 처음 보는 문제를 시험장에서 접하게 되는 것이다. 이런 문제는 그동안의 유형적 접근을 통해서는 해결방법이 없다. 새로운 문제는 개념을 익히고 개념을 심화시킨 아이들만 접근이 가능하다는 것을 알아야 한다.

일반적으로 개념 강의를 하고 나서 곧장 문제를 풀리는 경우가 많다. 그냥 강의만 한번 들었다고 개념이 자기의 것이 되는 것이 아니다. 개념을 듣고 나서 곧장 문제를 푸는 것이 아니라 중간에 개념을 자기화하는 작업이 필요하다. 필자는 소단위의 문제집마다 개념 강의 동영상을 보고 적도록 하며 개념을 줄줄 말로 할 수 있을 때까지 연습시킨다. 그 다음 문제를 반복해서 풀게 하면서 개념이 문제에 어떻게 녹아져 있는 것인지를 생각하게 한다. 이것이 가장 빠르게 최고 난이도의 문제집까지 접근하거나 시간을 단축하게 하여 실력을 갖추도록 하는 것이 고등학교 수학을 잘 할 수 있도록 도와줄 것이다.

드디어 제가 학원을 열었어요

그동안 가르쳐달라는 독자의 요구를 받아들일 수 없어서 안타까웠다. 아직 수용인원이 부족하고 지역적으로도 멀다면 혜택이 돌아갈 수 없지만 그래도 최근 서울 송파에 1월, 대전 중구에 2월, 거의 동시에 학원을 오픈하였다. 연산은 컴퓨터로 하고 개념은 동영상을 바탕으로 아이들이 개념을 체화하도록 하는 과정을 거친 다음에 비로소 문제를 풀게 하는 시스템을 갖추었다. 아직 몇 개월 되지 않았지만 방향성이 보이고 결과가 예측이 된다. 여기에 대한 결과물로 연산은 여름방학을 전후로, 개념으로 공부하는 결과물은 올 가을이나 연말 쯤 책으로 낼 것이다. 아날로그 세대의 필자가 지난 20년 동안 아이들과 연산 때문에 그렇게 실랑이를 하면서도 한 번도 컴퓨터로 할 생각을 하지 못했었다.

필자가 주장하는 것은 초등학교 3년까지 연산기간을 확보하라는 것이었다. 그런데 이 기간을 컴퓨터로 하니 절반으로 줄일 수 있을 것 같다. 이것만으로도 그동안 풀리지 않던 숙제를 해결한 느낌이라서 힘은 들지만 요즘 기분은 좋다. 오랜 기간 동안 연산연습 프로그램을 개발하느라 고생한 서울 박진하 본부장에게 이 자리를 빌어 감사를 표한다. 게다가 요즘 중학교 방정식이나 인수분해도 연산이라는 필자의 생각을 받아들여 밤샘작업을 지속하는 것이 못내 미안하다.

이 책은 「십대들이여, 수학에 올인하라」의 개정판이다. 내용은 그대로지만, 프롤로그를 좀 더 직관적이고 이해하기 쉽도록 했다. 부디 수학이 어려운 청소년들에게 도움이 되길 바란다.

지은이 조안호

차례

Ⅱ

★ ★ ★ ★ ★ ★ ★ ★ ★ ★ ★ ★ ★ ★

2부 초등수학의 최종 목표는 연산력이다

3부 중학수학 만점공부법, 시작은 수식의 이해부터!

4부 내신 1등급이 수능 3.5등급, 수학에 올인하라!

1 우리 아이 1등 수학, 첫 단추가 중요하다

0

진실보다 때로는 거짓이 더 있어 보인다

진실보다 사실을 포함한 그럴듯한 거짓이 더 믿음직하게 보인다고 한다. 게다가 진실이 자신이 생각하는 것과 다르다거나 받아들이기 불편한 것이라면 차라리 거짓을 믿고 싶어진다. 같은 이유로 정확한 정보보다 일부만 맞는 잘못된 정보가 보다 그럴듯하게 포장되고 유포되는 경우가 많다. 그런데 만약 정확한 정보가 아예 존재하지 않는다면 어떨까? 아마도 잘못된 정보에 날개를 달아주는 일이 벌어질 것인데 현재 우리의 교육, 특히 수학이 그렇다. 그런데 왜 정확한 정보가 없는 걸까? 이유는 간단하다. 한 마디로 연구결과가 거의 없기 때문이다. 좀 더 정확하게 말하면 의미 있는 연구가 없었으니 의미 있는 결과물이 존재하지 않는 것이다.

종적연구만이 의미 있는 정보다

보통 연구에는 횡적연구와 종적연구가 있다. 횡적연구는 한 마디로 같은 시기의 아이들을 연구하는 것이다. 예를 들어 전국의 초등학생 4학년 20만 명을 대상으로 수학의 학력평가시험을 실시하는 것 등이다. 이런 횡적연구는 시간과 돈이 많이 들지 않아서 간편하게 시행할 수 있지만, 수학은 계통성이 강해서 어느 특정 학년에 대한 평가 자료가 갖는 의미는 크지 않다. 만약 초등4학년들의 실력을 알았다 해도 그다음 후속으로 어떻게 할 것인가는 여전히 막막하다는 것이다. 반면 종적연구는 시간의 흐름에 따라 추적 연구하는 것이다. 어느 시기에 무엇을 가르쳤더니 어떻게 변하더라는 것에 대한 데이터를 얻기 위해서 10~20년이라는 시간과 엄청난 예산이 투입된다.

이런 종적연구 자료가 아이의 로드맵을 짜는 데 의미가 있는 자료가 될 수 있을 것이다. 그러나 우리나라에는 이런 자료가 없어 잘못된 정보가 판치고 있다. 또한 앞으로도 이런 연구가 가능하도록 수학자나 교수분들이 초·중·고 교육에 참여할 수 있는 시스템이 없다. 그래서 종적연구가 이루어질 가능성이 요원하다는 것이 안타깝다. 설령 지금부터 연구에 들어간다 해도 그 결과는 10~20년 후에나 나오는데 우리의 아이가 기다려주는 것도 아니지 않는가? 현재로서는 필자처럼 대상이 되는 수십 명의 아이들의 초·중·고를 계속해서 가르치는 경험이 종적연구에 더 가깝다고 본다.

시중에는 자기 자식을 키운 경험담을 담은 책들이 많다. 자식 잘 만나 좋은 대학을 보내고 책도 썼다고 부러움 반 질투 반을 하는 것을 본다. 그러나 누군가 성공했다면 반드시 길이 있는 것이라서 정보로 유용하다고 하겠다. 비록 단 한 사람의 사례지만 종적연구물이기 때문이다. 그러나 이들 정보에서 유의해야 하는 것들이 있다.

첫째, 적은 사례이기에 이들이 말하는 전체를 포괄하는 듯한 말은 의심을 품어야 한다.

둘째, 그들이 간 길이 가장 짧은 길이었다는 보장은 없다.

셋째, 사례 중에는 영재나 천재들이 있어 지도 방법과 시기가 일반 아이와 다를 수 있다.

넷째, 부모와 자식 간의 관계, 아이의 집중력과 마음 상태 등 환경까지를 고려해야만 아이의 차이점을 극복할 수 있다.

부족하지만 필자는 여러 해 동안 시행착오와 성공을 번갈아가며 종적인 지도를 해봤다. 이에 기준해 필자는 수학공부법을 제시하고자 한다. 더불어 앞으로 훌륭한 전문가들이 공식적이고 체계적이며 종적인 연구물을 제시함으로써 필자의 이 책을 대체할 수 있기를 기대해본다.

미래가 불안한 엄마, 현재가 불행한 아이

'영어유치원부터 시작하여 대학에 갈 때까지 영어에 1억을 쏟아 붓는다', '수학이 대학을 좌우한다', '특목고를 보내기 위해서는 초등4학년부터 준비해야 한다'

이런 종류의 언론보도는 물론이고 주변의 잘 나가는 아이의 성적과 그 아이들이 다니는 학원 등의 정보는, 충분한 지원을 못하는 부모의 미안한 마음과 더불어 미래의 불안을 야기하기에 충분하다. 그에 반해서 대부분의 아이들은 부모가 보기에 천하태평이다. 없는 돈을 짜내서 학원에 보냈더니 얼마나 공부했는지는 몰라도 학원에 갔다 와서는 공부를 하지도 않는다. 게다가 틈만 나면 컴퓨터 게임이나 스마트폰을 들여다보니 속이 부글부글 끓는다. 설사 지금은 성적이 좋지 않더라도 아이가 열심히만 한다면 이렇게까지 불안하지는 않았을 것이다. 싸우다 지쳐서 '지 인생 지가 사는 거지' 하고 생각했다가도 어느새 바뀌지 않는 아이에게 또다시 잔소리를 늘어놓는 자신을 발견하면 화가 솟구친다. 그러나 아이도 할 말이 많다.

학교 갔다가 학원을 전전하다가 겨우 *TV*라도 볼라치면 엄마 잔소리에 마음이 편치 않다는 것이다. 엄마는 엄마대로 불안하고 아이는 아이대로 안정되지 않은 상황이다. 사실 어떤 방식이든 엄마가 편하지 않고서 아이를 편하게 대할 수는 없다. 엄마가 불안한데 아이가 행복하다면 공부가 문제가 아니라 감정 장애에 대한 치료를 받아야 하지 않을까? 한마디로 엄마의 불안 원인은 미래와 현실의 괴리에서 오는 것이고, 이것을 해소하기 위해서 아이에게 더 많은 공부를 시키려는 데서 문제가 되는 것이다. 결국 엄마의 불안과 아이의 불행 중 엄마불안을 먼저 제거해야 한다는 말이다. 어떻게 하면 불안을 없앨 수 있을까? 먼저 공부에 대한 엄마의 불안이 구체적으로 무엇인지 보자!

① 지금 성적으로 좋은 대학에 갈지 의문이다.

② 지금 성적은 괜찮지만 앞으로 어려워지는 것을 대비해야 하지 않을까?

③ 설사 좋은 대학이 아니더라도 자기 앞가림은 하고 살지 걱정이다.

엄마의 불안 1순위는 대학이라서 게으름, 미루기 등의 습관도 단기적으로는 모두 대학과 연결짓는다. '저학년에서 벌써부터 이렇게 싫어하면 나중에 공부를 어떻게 할까' 등 불안은 끝도 없다. 잠시 생각해보자! 많은 부모들이 꿈도 승부에 대한 근성도 없는 아이를 비난하지만, 엄마도 어떻게 하면 공부를 잘하는지에 대한 전략과 그에 따른 확신과 비전을 제시해주지 못하는 것이 현실이다.

아이가 언젠가 꿈을 갖고 알아서 자신의 목표를 위해 정진하기를 바라겠지만 그 때가 언제인지 마냥 기다릴 수는 없다. 심지어 30~40살이 되어도 자신의 꿈을 갖지 못한 사람이 많지 않는가? 그렇다고 당장의 성적만 중시하거나 공부 잘 시킨다는 학원을 찾는 것이 전략일 수는 없다. 스킬이나 테크닉이 전략이 아니며 이 방법을 시행하는 많은 사람들이 장기적으로 실패를 거듭하고 있지 않은가? 사실 아이가 현재 어떻든 어떤 방법을 취하든 확정되지 않은 미래에 대한 불안은 당연한 것이다. 비록 고리타분한 말로 들릴 수도 있겠지만 문제의 해결책이 보이지 않으면 원칙으로 돌아가는 방법이 최선이다. 그래서 비전과 전략, 그리고 그에 따른 로드맵을 짜면 예측 가능성이 높아지는 몇 가지 방법을 제시한다.

첫째, 아이와 공유하는 비전을 갖자.

공부는 수단이라서 목표가 없이는 동력을 얻을 수 없다. 그것이 아이가 원하는 꿈이든 직업이든 아니면 대학이든 어떤 것이든 함께 공유하는 것이 중요하다. 목표가 없다면 자칫 엄마나 아이가 학원, 과외 등으로 바쁘다는 것이 일차적인 정당화와 안정감의 원천이 된다. 그러나 중요한 것이 무엇인지에 대한 고찰 없이 바쁘기만 하면 얼마나 많은 시간과 노력을 낭비하고 있는지를 판단할 수 없다. 아이가 아직 어려서 꿈이 없다면 먼저 공부전략을 짜서 실행하는 것이 먼저지만 적어도 중학교 졸업 이전까지는 반드시 부모와 공유된 목표를 가져야만 고등학교에서 부모가 멘토로 변신할 수 있게 된다.

둘째, 주요 과목이라 할 수 있는 국·영·수의 전략을 짜는 것이다.

국·영·수 실력이 늘어난다는 확신이 들지 않고는 엄마의 불안이 절대 가시지 않는다. 그러기 위해서 부모가 전략을 짜는 것은 필수다. 설사 올바른 전략이 아니거나 대략적인 얼개더라도 전략없이 공부만 시키는 것보다는 효과적이다. 예를 들어 국어의 경우 초등학교와 중학교에서는 사실에 대한 이해력과 분석력을 중심으로 하고, 고등학교에서는 그에 따른 감상력과 추리력을 높여간다는 전략과 같은 것이다.

영어의 경우 회화와 독해로 구분하고 초등학교에서 회화 위주로 하였다가 중·고등학교에서는 독해, 대학 이후로는 다시 회화 중심의 공부를 설계한다. 수학의 경우는 초등학교에서 연산력을 기초로 하고 중·고등학교에서는 수식에 따르는 개념의 습득을 목표로 하는 것 등이다. 이렇게 비전을 세우고 전략을 실천하면서 부모에게 가장 필요한 일은 기다림이다. 기다릴 수 있는 힘을 기르기 위해 끊임없이 공부를 해야 한다. 기다리지 못하는 부모는 짧은 시간에 좋은 결과를 보고 싶어 스킬과 테크닉의 유혹에 빠지게 된다. 그러면 아이에 대한 믿음과 지속력을 가지지 못하여 전략 실패로 이어진다.

셋째, 아이가 커가면서 2~3년을 내다보는 전략에 따른 로드맵을 짜 나가면 된다.

아이가 대학에 들어가기까지의 수학공부 로드맵을 한꺼번에 상세하게 짜면 더욱 좋겠지만 처음부터는 무리일 것이다. 필자가 생각하고 있는 로드맵을 부록으로 제시하였으니 참고하기 바란다. 그런데 로드맵은 항상 전략과 방향이 일치하는지 살펴봐야 한다. 로드맵만을 보면 빨리 가느냐만 보이는데, 빨리 가는 것은 방향과 목적이 일치할 때만 의미가 있기 때문이다. 이 책은 수학에 관한 전략과 로드맵을 짜는 데 도움을 줄 뿐이니, 다른 과목은 다른 책을 참조해야 할 것이다.

넷째, 공부보다 아이와 관계가 우선이라는 생각을 분명히 하라.

공부는 감정과 밀접한 관계를 가지고 있다. 꿈이 없는 아이들이 공부를 하는 이유 중에 가장 많이 차지하는 것이 엄마에게 잘 보이기 위해서다. 초등학교에서 부모는 매니저와 같은 역할을 한다. 아이의 입장에서 보면 자신에 대한 보호자이자, 생존권을 손에 쥐고 있는 부모가 공부하라면 해야 하는 것이다. 그래서 아이는 공감하지 못하는 스케줄을 빡빡하게 짜서 공부를 시키면 어쩔 수 없이 따라 한다. 그리고 성적도 이렇게 하면 좋게 나온다. 그러나 이 방법은 기껏해야 중학교까지며 더 이상 통하지 않는다. 왜냐하면 초·중학교는 학습량이 많지 않아서 가만히 앉아서 듣기만 하는 학원 등의 수동적인 공부가 통하지만, 고등학교부터는 학습량이 더 이상 수동적인 공부로는 통하지 않게 되기 때문이다.

매니저 역할에만 충실하여 아이를 닦달하면 초등학교에서는 성적이 곧잘 나온다. 그러다가 중학교에서 성적하락, 관계악화를 거치는 집을 많이 본다. 관계가 악화되어 감정이 다치면 공부는 우선순위에서 밀리게 된다. 게다가 고등학교에서는 더 이상 부모가 매니저 역할을 할 수 없다. 밤 10시, 11시에 오는 아이의 학교생활을 어떻게 통제, 관리할 수 있겠는가? 고등학교는 부모가 매니저가 아닌 멘토가 되어야 하는데, 사이가 안 좋은 멘토를 본 적이 있는가? 공부를 열심히 했냐고 묻는 소리도 한두 번이다. 그래서 많은 고등학교 학생을 둔 집에서는 말도 못하고 아이의 눈치를 본다. 초등학교에서 부모가 매니저가 되는 것은 당연한 것이지만, 고등학교에서 멘토로 변신할 수 있으려면 성적이라는 목표만을 위해서 아이와 관계를 훼손해서는 안 된다.

조감도, 비전, 전략, 로드맵, 멘토라는 단어만 보고도 '해야겠다'라는 생각보다 '에고, 어렵다!'라는 생각과 느낌이 더 앞설 수 있다.

그러나 어렵지만 해야 하는 일이다. 공부가 힘들다는 것을 받아들이면 더 이상 공부가 힘들다는 것이 문제가 아니다. 마찬가지로 아이 키우기가 어렵다는 것을 받아들이면 이 역시 문제가 되지 않는다. 기대에 충족되지 않으면 좌절을 가져올 수 있지만, 기대는 전략과 로드맵이 있다면 우리의 통제권 내에 있다. 그리고 비전이 없다면 잘하고 있는지를 판단하는 피드백을 가질 수 없다.

목표는 크지만 그 목표에 이르는 방법이 없다는 것은 사람을 불안하게 만든다. 지금 사교육시장이 판치는 것을 보듯이 그냥 남들이 가치를 두는 것이나 원하는 것에 반응을 보이며 사회적 거울을 보며 살게 될 뿐이다. 그렇다고 절대 아이에 대한 기대를 낮추라는 말이 아니다. 선생님이나 부모가 아이에 대한 기대를 낮추어서는 절대 성공률을 높일 수 없다. 올바른 방향의 전략을 세우고 가다가 좌절을 겪으면 문제의 근원으로 다시 돌아갈 수 있게 된다는 의미다.

2

공교육의 사망선고, 근거 없는 권위는 무시하라

국제학업성취도조사(*PISA*)자료에 의하면 대한민국 학생의 평균 공부 시간은 대략 9시간, 우리와 비슷한 학업성취를 이루고 있는 핀란드는 4시간 반, 일본은 6시간이다. 평균 9시간이지 고등학생들은 휴식시간을 제외한 11시간을 공부한다. 대한민국 학생들은 이처럼 엄청난 공부 시간에 허덕이고 있으며, 또한 극히 비효율적으로 공부한다는 단적인 예가 된다. 게다가 어려서는 두각을 나타내지만 점차 성취의욕이 떨어져서 대학 이후에는 하위권이 된다. 무조건 많이 공부하는 것에 대한 부작용을 심각하게 고려해봐야 한다.

공교육의 정책은 공교육뿐만 아니라 모든 사교육의 기준이라서 그 책임을 피해갈 수 없을 것이다. 사기업으로 보면 오래전에 퇴출

되거나 사망선고를 내렸어야 했다. 앞에서도 언급했지만 중학생의 50%, 고등학생의 70~80%가 수학을 포기하고, 초등학교로 역산하면 결국 90%가 수포자가 된다. 90% 학생이 수학을 포기한다는 것은 아무리 좋게 표현해도 무능한 것이다. 국민으로서 국가정책을 따라가야 마땅하겠지만, 아이의 수학포기가 눈에 보이는 것을 따라하라고 말할 수는 없다.

수학의 경우 필자가 보는 공교육은 엄청난 시간을 들여서 못하는 아이를 끌어올리고 잘하는 아이를 끌어내려서 모두 중간으로 만들며, 그 중간을 포기하게 만드는 것처럼만 보인다. 공교육을 믿지 못하여 사교육시장에 내몰리지만, 사교육시장도 정부정책과 똑같은 전철을 되풀이하고 있다.

공부란 무엇인가?
또 수학공부란 무엇인가?
지속성장이 가능한 공부 방법은 무엇인가?

가장 먼저 이런 근원적인 질문을 스스로에게 해야 공교육과 사교육의 잘못된 정책에서 벗어날 수 있다. 그래야 그 다음으로 효율적인 공부 방법에 대한 생각을 정리할 수 있다. 쉽지 않은 질문이다. 이런 질문의 해답을 듣기 위해서 그래도 공·사교육에서 어느 정도 거리를 두고 있는 수학자나 교수들의 강의를 듣기도 한다. 그런데 '난이도보다 창의력이 중요' 등 사고력이나 창의성 등을 강조하는 국내외 수학자나 교수님들의 말씀을 듣다 보면, '수학을 잘하는 것'과 '수학을 잘 가르치는 것'이 다르다는 생각을 지울 수 없다. 교수님들의 말씀이 틀렸다는 것이 아니라 창의성과 사고력이 중요하다면 사고력을 기르는 방법을 얘기해야 하는데, 그런 과정이 강의에 모두 빠져 있기에 하는 말이다. 시간이 없었다는 핑계만 대기에는 뒷맛이 개운치가 않다.

사람은 누구나 자신이 현재 처해있는 상황을 가장 최우선으로 염두에 두게 된다. 사실 수학자는 남들이 생각해내지 못하는 단 하나의 아이디어가 절실한 사람들이다. 남들이 생각해내지 못하는 단 하나만 발견하면 수학사에 길이길이 이름을 빛낼 수 있기 때문이다. 수학자에게 지금 당장 필요한 것은, 그 무엇보다 창의력이 필요하기에 창의성을 중요시한다고 필자는 생각한다. 그러나 우리가 수학을 공부하는 이유는 무엇인가? 대부분은 수학자나 수학 전공을 목적으로 하고 있지 않을 것이다. 모르기는 몰라도 현재의 수학자가 되기 위해서 필요했던 것은 창의력이 아니라, 이전의 수학자가 만들어 놓은 것을 하나하나 익히며 성실하게 공부하였기에 수학자가 될 수 있었을 것이다.

우리 학생들이 배워야 하는 점도 거기에 있다고 생각한다. 과정을 얘기할 수 없었던 이유는 수학자나 수학교수님은 대학생이 아닌 초등학생, 중학생, 고등학생 모두를 충분히 가르쳐본 경험이 없기 때문이다. 전체적인 것이 옳다고 해서 부분적인 것이 모두 옳을 수는 없다. 아이들은 아직 과정에 있기 때문이다. 그래서 구체적인 사실을 근거로 한 성공사례가 뒷받침되지 않으며 권위로 포장하는 정보는 전부 의심해야 한다.

학부모님들 설문조사

이 책을 출간하는 과정에서 초·중·고학생을 자녀를 둔 학부모님들을 대상으로 설문조사를 하였습니다. 이 분들의 의견이 있어 책이 나올 수 있었습니다. 다시 한 번 설문에 응해주신 분들께 감사드립니다.

강경숙	강지나	김금미	김남종	김미선	김민희	김성효
김수경	김영경	김영순	김은정	김태철	김화경	김효순
노수애	민경숙	박경주	박기복	박수원	박신영	박원석
박점희	박점희	박준범	박찬희	방종순	서명신	안금자
안재범	유성희	유은순	유재심	윤선희	이 정	이경옥
이선희	이성희	이은미	이은향	이정미	이주은	이현미
전정숙	전지영	정선임	정유진	정은영	정희숙	조연곤
최상길	최정주	최지현	한미애	한은희	허영옥	허정미

(가나다순)

3

수학은 어려운 과목이 아니라 귀찮은 과목이다

수학자들이 수학은 어려운 학문이라는 말들을 한다. 그러니 일반인에게는 얼마나 어려운 학문이냐는 생각이 들 수 있다. 그러나 어떤 학문이든 깊이 파고 들어가기 시작하면 어렵지 않은 학문이 있겠는가? 그것은 수학자가 현재 어려운 수학을 하고 있기 때문이며 학생들이 배우는 수학은 어려운 수학이 아니다. 게다가 가르치는 사람이 배우는 학생에게 어렵다 하면서 가르친다면, 학생의 입장에서는 오히려 못하는 것이 당연하다고 느낄 것이 아닌가? 학생들이 수학이 어렵다고 말하면 필자는 구체적으로 무엇이 어렵냐고 묻는다. 이때 무엇이 어렵다고 구체적으로 말하는 아이도 있지만, 대부분 정리되지 않은 말이거나 느낌을 말하고 있을 뿐이다.

필자는 수학이 어려운 것이 아니라 귀찮은 과목이라고 강조한다. 하나하나 살펴보면 어려운 것은 없으나 이것을 익히는 과정이 귀찮을 뿐이다. 그런데 귀찮다고 하지 않으면 몇 년 내에 어렵게 되는 것은 맞다. 공부를 하지 않으면 어려운 것은 어느 과목이나 마찬가지다. 그런데 수학에만 유독 갖다 붙이는 것은 좀 그렇다. 수학은 어떤 과목보다 많은 시간과 귀찮은 과정이 동반되며, 그 귀찮음은 수학에서 손을 놓을 때까지 계속된다. 대신 귀찮음을 이겨내는 사람이 많지 않아서 수학을 잘하는 동시에 상위권 진입이 가능하다. 그러나 요즘은 수학이 어렵다는 것을 인정하는 것이 대세인 듯싶다.

'어떻게 하면 쉽게 가르칠까?'라는 방향은 자칫 가르쳐야 하는 것을 빼먹는 결과를 가져온다. 가르쳐야 될 것을 다 가르치면서 쉬운 책이라면 대환영이다. 그런데 쉽게 설명했다는 책을 살펴보면 어려운 문제를 빼거나 귀찮을 수 있는 개념이 빠져있다. 이런 문제는 이렇게 풀라는 식의 기술만 설명하고 있다. 정부의 정책 역시 쉽고, 줄이고, 재미있는 수학을 기조로 하는데, 이것은 자칫 수학의 본질을 훼손할 수 있고 장기적으로는 실력의 하락을 가져올 수 있다.

수학의 흥미와 재미는 문제 자체에 있는 것이 아니라 문제풀이 과정에서 논리의 전개가 가져오는 은근한 즐거움에 있다. 실력이 모자라서 수학을 포기한 학생은 별짓을 해도 흥미를 느끼지 못한다. 기본개념과 논리, 연산능력이 함께 자라야만 그 안에서 재미나 흥미도 찾을 수 있으며 수학이라는 장기과제를 해결할 수 있다는 말이다.

연산력 등 기존의 교육을 외면하지 마라

현재 시행 초기인 '수학교육 선진화 방안'은 공식과 문제 위주로 딱딱하게 구성됐던 수학 교과서에 실생활 소재와 스토리텔링 방식으로 친숙하고 재미있는 교과서로 만들어간다고 한다. 기존의 공식 암기, 문제풀이 위주의 학습에서 벗어나 수학과 다른 교과와의 통합 학습을 추진한다. 예를 들어 선거와 투표, 선거구 확정, 수요와 공급과 같은 정치·경제 관련 제도를 방정식, 함수, 확률, 미적분 등으로 연계하여 가르치는 것이다.

"돌아와, 그동안 내가 나쁘게 굴었다면 이제부터는 착해질게."라고 말하는 것 같다. 수학의 흥미를 되찾게 해준다는 좋은 취지라서 반기는 사람도 있겠지만 결국 이들 문제가 응용문제에 해당하기에 걱정이 앞선다. 모든 응용문제는 기본개념이 탄탄한 학생에게만 자극과 흥미를 줄 수 있기 때문이다. 교육의 방향이 통합, 융합으로 가야겠지만 이를 위해서라도 더욱 튼튼히 개념과 연산력을 잡아야 한다.

응용문제를 풀면서 역으로 개념을 잡는 학생이 있기는 하지만 그것은 소수에 불과하다. 무엇이 좋다거나 어떤 문제가 시험에 나온다고 하면 우르르 몰려가는 경향이 있다. 자칫 실생활 연계형, 교과 통합형 문제 등에만 매달리고 기본적인 개념 등을 소홀히 한다면 수학

실력의 격차는 더 벌어지게 된다. 따라서 개념과 연산력을 바탕으로 사고력을 키워서 융합으로 가는 방향성을 잃지 않기를 바란다.

귀찮아도 성실함을 훈련하는 과정이라 생각하라

"공부할 때, 귀찮은 것이 좋으니? 어려운 것이 좋으니?"

이렇게 질문하면 아이들은 귀찮지도 어렵지도 않은 것이 좋다고 한다. 그래도 둘 중 하나를 고르라면 그래도 귀찮은 것을 고르게 된다. 수학의 특성상 매일 풀어야 하고 연산력을 기르거나 개념을 잡는 과정은 어렵다기보다는 그 안에 귀찮은 과정이 있어서다. 물론 아이들은 귀찮은 것과 어려운 것을 구분하지 않고 모두 싫다고 하지만, 이를 구분하고 귀찮음을 이겨낼 수 있도록 독려해야 한다. 그래서 수학의 최대 적은 귀찮음이다. 대부분의 가정에서는 수학학습지나 문제집을 매일 2~3장씩 풀게 시키는데, 초·중학교에서 반드시 필요한 과정이다. 이때 아이들이 자주 밀리게 되어 혼이 많이 난다.

그런데 학부모들은 2~3년 이렇게 연습하면 아이들에게 습관이 잡히는 줄로 알고 습관이 잡히지 않는 아이를 비난한다. 그것은 부모님이 매일 검사하는 것이 힘이 들고 짜증나기 때문이다. 이것은 부모도 습관이 들지 않아서이며, 더불어 아이들도 습관을 잡는 것이 힘들다. 하나 안하나 며칠을 두고 보다가 폭발하듯이 한꺼번에 혼내지 말고, 습관이 잡히지 않으면 그냥 매일 지도하는 편이 아이도 엄마도 정신건강에 좋다. 누구 책임을 떠나서 고등학교에 들어갈 때까지는 충실히 기본개념을 잡아야 고등학교의 복잡한 문제를 소화할 수 있다. 아이들에 대한 비난 중에 게으르다는 비난이 제일 많은 것 같다. 필자도 아이들에게 게으른 사람의 머리는 악마가 집짓기 가장 좋은 곳이라며, 게으름에서 벗어나라는 말을 자주한다. 그런데 오늘은 부모님들에게 조금 다른 이야기를 하려 한다.

게으름은 원래 창의력의 원천인 경우가 많다. 그리고 수학을 잘하는 아이 중에는 게으른 아이도 많다. 문제를 풀다가도 귀찮고 게을러서 좀 더 빨리 풀려는 생각에 문제해결책을 찾는 경우도 많다. 게으름을 나쁘게만 보고 아이를 비난한다고 부지런하게 변하는 것은 아니며 관계만 악화된다. 대신 매일 조금씩 하게 되면 아이의 성실성도 길러주고 원칙이라는 것이 세워진다. 멀리 가는 수학에서 너무 목표만 의식하지 말고 원칙을 세우는 것도 필요하리라고 본다. 게다가 원칙 중심의 삶은 과정과 목적지가 같다.

크게 보는 것을 강조하지 마라

우리는 어려서부터 '큰 꿈을 가져라', '크게 보라'라는 말을 많이 듣고 자라서인지 뭔가 크면 좋은 것이라는 환상이 있는 듯하다. 이런 말이 어른들에게는 좋은 말이지만 자칫 아이들에게 지나치게 강조하게 되면, 역으로 작은 꿈이나 세세하게 보는 것을 하찮은 것으로 생각하는 것이 굳어질 수도 있다. 그래서 필자도 큰 꿈을 가지라는 말은 하지만 특히 초등학생에게 크게 보라는 말은 극도로 자제한다. 기본적으로 크게 본다는 것은 큰 줄기에서 벗어난 작은 곁가지를 무시하거나 쳐내야 하기 때문이다.

우리나라의 계통학습은 기본적으로 크게 보는 교육이기에 강조하지 않아도 커가면서 점차 크게 보게 된다. 계통학습의 최대 단점이 바로 크게 보게 되면서 작은 것을 무시하는 마음이 생기는 데서 온다. 공부를 잘하는 학생을 두고 범생이, 쫌생이라고 말하는 것이 대표적인 예다. 통 큰 척하는 아이들이 주로 시험을 보고 큰 흐름에서 벗어나 중요하지 않은 것이 출제되었다고 투덜대거나, 수학에서 특이한 것을 무시하는 경향을 보인다.

특히 수학은 특이점들이 중요하고 학년을 올라가면서 바로 그 지점에서 깊어지는 것이다. 세부적인 것을 모르면서 전체만 안다는 것은 낮은 수준의 지식만 쌓아간다는 것이며 절대 공부를 잘할 수 없다. 전체적으로 크게 보는 교육은 대학이나 직장생활을 해가면서도 계속된다. 그러니 학부모는 적어도 학생 때는 하나하나 분석해서 이해하고 반복하여 외우도록 하며, 이것을 다시 정리하도록 도와주어야 한다.

결국 수학에서 최종적으로 중요한 것은 다양한 상황을 한꺼번에 보는 통찰력이다. 그러나 아이는 과정 중에 있다는 사실을 항상 잊으면 안 된다. 통찰은 물론이고 요즈음 유행하는 창의적 융합이라는 것도 결국 작은 것과 큰 것을 모두 알아야 가능한 것이다.

전략과목을 수학으로 정해라

필자는 경험이 없어서 잘 모르겠지만 부모로서 아이 스스로 국·영·수는 물론이고 사회, 과학, 예체능에 이르기까지 모든 과목을 잘한다면 여간 흐뭇한 일이 아닐 수 없다. 그러나 스스로 공부하는 아이는 전체의 10% 안팎이다 보니 대부분 부모가 개입하여 직접 가르치거나 학원의 도움을 받는다. 알아서 하는 공부에 비해서 가르치는 공부는 더 많은 시간과 돈이 필요하게 된다.

그래서 일반적으로 국·영·수에 치중해서 학원도 보내고 학습지도 온통 세 과목에 신경을 쓰고 있는 것이다. 그런데 말이 국·영·수지 세분하면 논술, 회화, 수학 학원의 3곳, 학습지 3개다. 거기에 컴퓨터, 한자, 예체능 등 최소로 시켜야 할 것은 왜 이리 많은지, 아이도 힘들어하고 학부모도 경제적으로 여간 부담되는 것이 아니다. 학부모가 힘들어하는 것이야 어쩔 수 없다 해도, 문제는 아이가 점차 시간이 없다는 이유로 깊게 생각하지 않는 버릇이 들기 시작한다는 것이다. 생각하지 않는 공부는 그야말로 밑 빠진 독에 물붓기며 안 나오는 성적에 더 많은 교육으로 이어지는 악순환의 시작이다. 아이가 생각하지 않는 상태로 변하기 전에 욕심을 줄이고 전략적으로 대처해야 한다. 모든 과목을 잘하자는 것은 전략이 아니다. 물론 국·영·수 중에서도 우선 순위를 정하고 학습량을 조절해야 한다. 국·영·수 중에 중요하지 않은 과목이 어디 있으랴 만은 가장 중요한 과목은 국어로 보인다. 필자에게는 영어, 수학 빼놓고는 모든 과목이 국어로 보이기 때문이다.

그러나 국어는 평균이 가장 높은 과목이고 초·중학교까지는 책을 읽게 하는 것 외에는 확실하게 마땅한 대안이 없다. 결국 영어와 수학이 남는데, 다시 이 중에 하나를 골라야 한다면 필자는 수학을 전략과목으로 정하라는 제안을 하고 싶다. 어느 중학생에게 수학에 집중해야 한다고 하였더니 그 아이 대답은 "엄마가 그러는데 영어가 더 중요하데요." 한다. 왜 영어가 아닌 수학을 전략과목으로 선정해야 하는지를 몇 가지로 설명하겠다.

첫째, 궤도에 오르는 데 국어 다음으로 가장 오래 걸리는 과목이다.

필자는 수학을 언어로 보는데 국어의 가, 나, 다, 라, …… 에 해당

되는 것을 수학에서 배우는 기간을 초등학교로 보고 있으니 무려 6년이나 걸린다는 것이다. 그 후로도 국어의 문장에 해당하는 수학의 수식과 수식의 확장을 하는데 중·고등학교 6년의 시간이 또 걸린다. 이렇게 길게 이어지며 확장하는 수학에서 전략이 없이 공부하는 것은 그때그때 성적이라는 긴급성까지 더해서 표류하기 쉬운 과목이다. 그래서 모두 수학 때문에 고통을 받는 것이다. 이렇게 오래 걸리는 과목을 뒤로 늦출 수는 없다. 다른 과목은 시간이 없으면 빨리 할 수도 있지만, 수학은 시간이 없다고 생각되면 주어진 시간이면 할 수 있는 것도 못하게 된다. 전략이 없는 수학공부는 반드시 실패한다는 것을 잊지 말자.

둘째, 돈으로 해결되지 않는 과목이다.

솔직히 말해서 수학 이외의 대부분 과목은 돈으로 해결된다는 것을 부정할 수 없다. 그러나 수학은 초·중학교라는 긴 시간 동안 연산력과 개념을 바탕으로 수식의 기본을 닦아야 고등수학을 이겨낸다. 다른 과목처럼 결코 돈으로 해결할 수 없다. 게다가 고등수학은 다른 과목보다 100배의 시간이 필요하다. 이 말은 고등학교에서 학원, 과외 등 모든 교육을 총동원해도 가르치는 것만으로는 해결되지 않는다는 것을 의미한다. 오로지 자신의 힘으로만 우뚝 설 수 있는 과목이며 그렇게 할 수 있도록 지도 방향을 정해야 한다는 것을 의미한다.

셋째, 영어는 공부법만 바꾸어도 훨씬 빠르게 습득하는 방법이 있다.

영어유치원부터 시작하여 직장인에 이르기까지 온 나라에 영어 광풍이 부는 것 같다. 그런데 아이들이 몇 년씩 학원을 다니는데 효과는 미미한 수준이다. 그나마 효과는 영어회화가 아닌 독해력에서 나타난다. 처음 독해를 하려는 데 모르는 단어가 많아서 사전으로 모르는 단어를 모두 찾았는데도 해석이 되지 않는 경우가 있다. 그래서 사람들은 영어 단어를 외우고 문법을 공부한 뒤에야 비로소 독해를 할 수 있다고 생각하는데, 단어와 문법이 도대체 끝나지 않기 때문이다. 그래서 수능때까지도 독해가 안 되는 아이가 많다.

이 방법은 지극히 비효율적인 방법으로 열심히 해서 빨라야 5~6년이 걸리며, 만약 대충하면 10년이 넘어도 독해가 잘 되지 않는다. 효율적인 방법은 기존의 공부법을 거꾸로 하는 것이다. 먼저 독해를 하고 그다음 문법, 그다음 단어를 하는 것이다. 먼저 지금 수준보다 2~3년 앞서는 책을 한 권 선정한 다음 직독직해를 5회 정도 반복한다. 그다음도 계속 반복하되 그 책에 있는 문장의 문법만을 점차 깊이 있게 가르치면 된다. 비록 어려운 방법이지만 이렇게 하면 단어, 문법, 독해라는 세 마리의 토끼를 잡고, 빠르면 6개월 늦어도 1~2년이면 쉽게 영어공부를 할 수 있는 상태가 된다. 독해가 안 되니 단어와 문법을 하는 거라며 말도 안 되는 소리라고 할지도 모르겠지만, 그래서 사람들이 못하는 것이고 아이들은 처음에 어려울 거라 생각해서 거부하기에 훨씬 더 오랜 시간 영어에 시달리게 된다.

넷째, 영어회화는 대학 이후에도 시간이 있다.

자녀교육에 관심이 있는 학부모라면 이미 알고 있는 말이겠지만, 대학은 수학이 결정하고, 대학교 이후는 영어에서 판가름 난다는 말에 필자도 동의한다. 정리하면 영어는 대학에 들어가는 것 보다는 대학 이후의 아이에게 도움이 된다고 할 수 있다. 대학입시만 놓고 본다면 수능 평가방법은 듣기평가로 현재 *EBS*교재를 무한 반복하는 것으로 해결할 수 있기 때문이다. 대학이 아니라 나중에 취업이나 직장생활까지 염두에 두고 영어회화를 공부시킨다면, 어려서부터 독해와 회화를 분리하고 꾸준히 시켜야 한다. 회화는 독해와 달리 훨씬 더 많은 시간투자가 필요한 분야이기 때문이다. 회화도 좀 더 빠른 방법이 있지만 이 방법은 논외로 한다.

계통학습 과정에 있는 학생들은 성적 이외에는 자신의 장점을 드러낼 기회가 별로 없다. 평범하게 보이는 아이도 얼마든지 뛰어난 능력을 발휘할 수 있다는 것을 의심해서는 안 된다. 겉으로 뛰어난 것처럼 보이는 대부분의 학생이 사실은 교육으로 가능한 집중력이나 창의력을 향상시켜 주었기 때문이다. 우리 아이들이 계통학습으로 지치고 평범하도록 강요하지 않는 안정된 전략을 구사하기 바란다.

5

수학은 성적과 실력이 비례하지 않는다

많은 사람들이 수학에 대한 장기적인 전략이 없이 아이에게 공부를 시킨다. 전략이 없으니 남은 한 가지는 계속 잘하자는 것뿐이다. 계속 잘하다 보면 '나중에 고등학교에 가서도 잘하겠지'라는 막연한 생각만 한다. 그래서 아이의 성적표를 보고 희비가 엇갈린다. 성적표를 받아보면 대부분 부모들의 반응은 이렇다.

"초등학교에서도 벌써 이 정도인데 중학교에 가서는 어떻게 할래?", "중학교 때 이 정도인데 어렵다는 고등학교는 선행이라도 해야 하는 것이 아닌가?"

아이의 수학실력을 평가하는 잣대가 성적밖에 없기 때문에 이런 불안감이 생기는 것이다. 수학실력과 성적이 비슷한 것은 맞지만 반드시 비례하는 것은 아니다. 그래서 중학교 때 성적이 우수하다 해서 그 성적이 곧장 고등학교나 수능점수로 이어지지 않는다. 단적인 예로 중학교 우등생 70% 정도가 고등학교에 가서 추락하는 것을 보면 알 수 있을 것이다. 단기적인 성과에만 급급하면 잘못된 공부법이 습관이 되는 경우가 많은데, 오히려 좋은 성적 때문에 보이지 않아서 교정의 기회를 놓치는 까닭이다. 고등학교에서 추락하는 우등생들의 유형은 다음과 같다.

☞ 개념은 없이 여러 권의 수학문제를 풀어서 문제의 유형에만 익숙해진 학생
☞ 혼자서는 공부하지 못하고 학원이나 과외 등의 돈으로 성적을 올린 학생
☞ 중학교 때 새벽까지 너무 공부를 많이 하였다가 고등학교에 와서 지친 학생
☞ 대학이나 공부에 대한 생각이 고등학생이 된 이후에 관심 밖으로 밀려난 학생

초등학교나 중학교 수학도 어렵다는 학부모들도 많지만, 실제 이 때의 수학은 어렵지 않아서 학원이나 과외 등으로 학교성적을 얼마든지 올릴 수 있다. 게다가 공부해야 할 학습량도 많은 것이 아니라서 시험에 나올만한 기출문제나 유형들을 여러 번 반복할 시간도 충

분하다. 웬만한 학원이나 과외 선생이라면 틀리라고 내는 변별력을 갖춘 학교의 시험문제도 몇 배수 내에서 찍어낸다. 중학교 선생님들은 문제를 만들어 내는 것이 아니라, 기존의 문제집에서 발췌하거나 숫자만 바꾸기 때문에 여러 종류의 문제집을 푸는 아이가 훨씬 유리하다. 이런 조건을 갖추면 중학교 성적은 오르지 않을 수 없다. 자, 이번에는 학교성적을 얻는 대신에 잃어버리는 것을 생각해보자!

첫째, 다양한 유형의 문제를 섭렵하기 위한 시간 확보를 위해서 가시적인 성과가 아닌 개념을 중요하게 생각하지 않게 된다.

이미 공부를 잘하는 학생에게 필자가 공통인 유형의 문제들이 포괄하는 있는 개념을 설명하면 대개 머릿속에 퍼즐처럼 흩어졌던 것을 꿰맞추는 느낌이라며 좋아한다. 그런데 개념을 설명하면 오늘 공부해야 할 분량에 대한 압박으로 빨리 설명을 끝내고 문제풀기를 바라는 아이들이 있다. 이때 필자의 설득이 실패했을 경우 대부분 고등학교에서 추락한다.

둘째, 학원이나 과외로 수동적으로 공부하면 성적은 오르는 대신 능동적으로 공부하는 힘은 빠져나간다.

무언가 얻는 것이 있으면 잃는 것도 있는 법이다. 능동적으로 공부할 수 있는 아이가 학원을 보내면 효과가 높아서 성적이 급격히 오른다. 그러나 장기간 학원에 다니는 아이는 실력도 제자리를 맴돌고 점차 누군가 옆에서 알려줘야 공부할 수 있다는 생각이 정착하게 된다. 학원이 무조건 나쁘다는 것이 아니라 학원의 시스템도 살펴보고 필요에 따라 능동적으로 필요시에만 선택해야 한다. 고등학교에서도 학원이나 과외로 공부가 해결된다면 말리지 않겠지만, 고등학교는 더 이상 수동적인 학습법이 통하지 않기 때문이다.

셋째, 계획표에 맞추다 보니 한 과목을 한 번에 오래 공부할 수 있는 시간이 없어 집중력이 자라지 않는다.

초·중학교 우등생의 공통점은 엄마와 아이와의 관계가 좋으며 엄마가 매니저 역할을 한다는 것이다. 그래서 계획표도 같이 짜고 목표도 공유한다. 계획을 세워서 공부하는 것은 계획 없이 공부를 하는 것보다 효율이 높아서 우등생이 될 수 있었던 것이다. 그런데 우등생이라고 해서 가장 효율적인 공부를 한다고 볼 수는 없다. 이런 집 대부분이 하루에 공부할 과목이 너무 많은 것이 단점이다.

보통 계획을 세울 때 한 시간 공부하고 10분 휴식, 그리고 과목을 바꿔서 공부하는 것으로 세운다. 학교수업도 그렇고 전문가들도 이 방법이 집중력을 유지하는 좋은 방법이라는 말을 많이 한다. 그렇다. 현재 가지고 있는 집중력을 유지하고 성적을 올리고 싶다면 이 방법이 좋을 것이다. 그러나 생각을 바꿔서 집중할 수 있는 시간을 늘리려 한다고 해보자. 1시간 만에 공부를 중단하는 것은 집중력 시간을 늘리는 방법은 아니다. 수능은 2시간을 연속해서 시험을 보고 또 하루 종일 시험을 보는데 이때 필요한 집중력은 언제 기를 것인가? 점차 하루에 공부하는 과목의 수를 줄이고, 한 번에 2~3시간의 집중력을 발휘하도록 지도해 나가야 한다.

넷째, 더 많은 공부를 위해 자신의 미래에 대한 생각을 하는 데 투자하는 것을 잊게 된다.

부모님들이 보통 "너는 아무 걱정하지 말고 공부만 해라."라는 말을 한다. 그런데 필자는 수학만 가르치는 것이 아니라 오지랖 넓게도 중학생들에게 삶의 목표, 가치관, 직업관 등을 묻고 찾고 심지어 고민하라고 한다. 아이의 정체성을 흔드는 이런 말은 부모님들의 말과 배치되는 말이다.

미래에 대해서 진지하게 생각해 보아야 하는 것은 언젠가 인생에서 꼭 필요한 것이며, 이 시기를 고등학교에서 겪지 않도록 하는 예방주사인 셈이다. 불안과 혼동을 겪으려면 중학교에서 겪게 해야 한다.

6 수학이 1등과 2등을 결정한다

교육시민단체인 '사교육걱정없는세상'은 지난 2013년 7월 학부모 1천여 명을 대상으로 '수학 교과에 대한 학부모 의식조사'를 시행한 결과, '매우 그렇다'가 71%, '그렇다'가 28% 등 99%가 '우리나라 학생들이 수학 때문에 고통을 받고 있다'고 답했다. 고통을 받는 이유로는 '배워야 할 양이 너무 많다'(59%, 복수응답), '내용이 어려워'(57%), '선행학습으로 자기주도적인 학습능력이 떨어져서'(41%) 라는 답변이 많았다. 71%가 '고교 수학의 양을 줄여야 한다'고 답했고, 50%는 '수능 시험에서 수학의 양을 줄여야 한다'고 주장했다.

위 조사로만 보면 거의 대부분의 학부모와 학생들이 수학 때문에 고통을 받고 있다는 것을 알 수 있다. '어렵다', '배워야 할 내용이 많다', '고교수학의 양을 줄여야 한다'를 한 마디로 압축하면 어려우면서도 양이 많으니 줄이자는 것이다. 필자도 학부모의 한 사람으로 가장 걱정되는 것이 수학이지만 이 말에 동의하지는 않는다. 그렇다고 국가를 대신해서 우리나라는 기술과학으로 먹고 살아야 하는 나라여서 전체 수학의 수준을 낮추면 안 된다는 등의 말을 하려는 것이 아니다. 초·중·고의 수학교과서를 보면 필요 이상으로 어려운 문제가 들어가 있는 경우도 있지만, 전체적으로 보면 어렵거나 내용이 많다고 볼 수는 없다.

문제는 경쟁에 있다. 선생님이 가르친 것이나 교과서 수준에서 시험문제가 나온다면 위와 같은 주장을 하지 않았을 것으로 보인다. 학생들을 1등과 2등으로 줄 세우기 위한 변별력의 수단으로 어려운 문제를 풀게 하기 때문에 수학이 어렵다는 인식을 주는 것이다. 앞서도 말했지만 수학은 어려운 과목이 아니라 귀찮은 과목이라고 했다. 수학에서 필요한 연산력이나 개념을 차근차근해야 하는데, 어려운 수학문제 1~2개를 더 맞추어서 실력을 미리 성적으로 빼먹으려는 생각이 크기 때문이다.

물론 불안한 마음은 이해하지만 실력이 자라고 있다면 아이를 믿어보자! 수학교과 과정의 분량을 줄이자는 주장에도 동의를 하지 않는다. 수학의 특정 과정을 빼면 시험의 출제범위에서 빠지는 것처럼 생각할지도 모르지만, 역대로 빠진 단원으로 인해서 못 배운 개념이 상식이라는 이름으로 문제에서 사용되는 것을 본다. 설명을 들으면 상식적인 수준의 것인데 본인이 모르는 것이니 더 공부해야겠다거나 좌절하게 되는 것이다.

그래서 특히 계통성이 강한 수학에서는 연속 선상의 한 과정이 빠지면 공부분량이 줄어드는 것이 아니라 그로 인해 더 어려움에 처할 수도 있다. 고교수학의 분량과 수능의 범위를 줄이자는 주장에도 동의하지 않는다. 수학의 시험범위를 줄이면 문제가 물어보는 것은 깊어지게 되며, 그 깊음에는 한도 끝도 없다. 수능에서 시험출제 범위가 예전보다 많이 줄었지만, 학생들에게서 쉬워졌다는 말을 들은 적이 없다. 만약 수학의 시험범위를 줄여서 미적분만 수능시험의 출제범위라 한다면, 가히 상상을 불허할 정도로 어려워지게 될 것이다.

7

수학은 산을 오르는 것이 아니라 첩첩산중으로 들어가는 것

오래된 이야기지만 모 여성지에서 문제집을 선정하고 난이도별로 상중하로 나누어서 차례로 풀어야 문제집을 선정해달라는 원고의뢰를 받았는데, 생각이 달라서 거절한 적이 있다. 아이별로 쉬운 문제집에서 어려운 문제집으로 발전해가며 여러 권을 계속 풀게 하는 것은 너무 가혹하다고 생각하기 때문이다. 이렇게 여러 권의 문제집을 풀면 당장 성적은 올라갈지 몰라도 장기적으로는 지치고 실력이 좋아지는 것도 아니다. 그 뒤로 강연을 가서 다음과 같이 주문한다. "중간 정도 난이도의 문제집을 한 권 선정하여 같은 문제집을 여러 번 풀게 하세요." 그러면 항상 다음과 같은 질문이 나온다. "같은 문제집을 여러 권 사는 것이 돈 아깝다.", "아이가 외우거나 쉬워하면 어떻게 하죠?" 그러면 필자는 이렇게 대답한다.

"아이가 문제집을 외울 수도 없거니와 외운다면 좋은 일이다. 그리고 아이가 쉬워하라고 반복하는 것이며 쉬워야 수학을 잘할 수 있게 된다. 수학이 어려우면 어떻게 잘할 수 있겠는가?"

아이에게 악감정을 가진 것도 아닌데 왜 계속 어렵기를 바라는 것일까? 아마도 수학자들이 사고력을 강조하면서 어려운 문제를 끝까지 해결하기 위해서 계속 노력해야 한다는 단편적인 말을 각인시켜서 하는 말인 듯하다. 또한, 수학은 원래 어려운 과목이니 어렵게 공부해야만 수학을 공부하는 것이라는 편견에 빠진 것 같다. 계속 오르막만 있는 하나의 큰 산을 올라가는 것과 같이 어려운 문제만을 푸는 것이 수학은 아니다.

전문 산악인도 아니고 계속 오르막만 있는 산은 아마 휴식과 재미가 없어서 사람들이 올라가지 않는 산이 될 것이다. 수학은 하나의 큰 산이 아니라 여러 개의 산봉우리가 연결되어 있는 형태다. 힘들게 올라가야 하는 때도 있지만 한번 올라가면 그 뒤부터는 능선을 따라 이동한다. 아래에서 보면 여전히 고공행진이지만 당사자로 보면 평지를 가는 것과 다르지 않다는 것이다. 능선을 따라 가다가 다시 올라가야 하는 때가 있겠지만 충분히 쉬었으니 다시 힘을 낼 수 있는 것이다.

다른 종류의 문제집 여러 권을 계속 풀게 하거나, 어려운 문제집만 선별하여 풀도록 하는 것은 마치 수학을 하나의 큰 산처럼 보고 아이에게 계속된 어려움을 이겨내라고 하는 것이다.

세상에 계속된 어려움을 이겨내는 것은 아마도 성인의 반열에 오른 사람이나 가능할 것이다. 물론 어려운 문제도 풀어야 한다. 그러나 대개는 쉽고 조금만 생각해보면 풀려야 하고 단지 몇 개만 어려워야 도전의식도 생겨나게 된다. 아이에게 어려움을 주는 것도 때에 따라서 필요하지만 일시적이어야만 희열도 느끼고 희망과 동력을 비축한다.

8 수학공부, 반드시 리듬을 타게 하라

첩첩산중에 들어섰을 때 가장 필요한 것은 방향성이고 그다음으로 필요한 것은 속도조절을 통한 체력의 적절한 안배다. 수학문제를 푸는 목적은 단연코 개념습득에 있고 개념을 습득하는 것은 그렇게 어렵지 않다.

처음 어떤 단원에 들어서면 먼저 천천히 용어나 개념을 습득한다. 그 다음 기본유형에 개념이 어떻게 사용되었는가를 확인하며 푸는데 속도가 날 때까지 반복해야 한다. 그런 다음에서야 다양한 개념이 혼합된 응용문제를 풀어야 한다. 응용문제를 풀 때는 속도가 뚝 떨어진다. 예전에 개념들을 배울 때 튼튼히 하지 않았다면 오래 걸리거나 아예 안 풀릴지도 모른다. 생각해보고 모르는 개념을 찾아보고 그래도 안 되면 선생님을 찾아가 물어보아야 하기 때문이다. 물론 이렇게 알게 된 문제도 역시 반복해야 되며 단원의 문제들을 여러 번 반복하였다면 다시 전체적으로 정리해야 효과적이다.

문제집을 푸는 속도로만 보면 개념을 익히는 부분은 속도가 0이라 할 수 있다. 기본문제는 속도가 점차 증가하여 최고의 속도를 가지다가 응용문제에 접어들면 급격히 감소한다가, 반복을 통해서 일정 정도 속도가 남으로써 끝내고 다시 개념을 정리하는 시기는 다시 0이다. 그런데 많은 학생들이 속도조절에 실패하고 있다. 용어나 개념은 귀찮으니 기본문제로 곧장 들어간다. 그런데 풀어보면 풀리니 곧장 응용문제로 넘어가려 한다. 그러나 응용문제를 푸는 속도는 기본문제를 푸는 속도를 따라가지 못할 것이다. 그러면 곧장 아이들은 학원이나 학교 선생님을 찾아간다.

모든 문제를 똑같이 빠른 속도로 풀 수 있는 사람은 이미 개념이 확실하게 잡혀있는 사람인데, 그렇다면 공부할 필요도 없는 사람이다. 배워야 하는 사람은 개념이 잡히지 않은 사람이니만큼 속도를 조절하며 문제에 접근하여야 한다.

그런데 수학자들은 필자와 의견이 다를 수도 있다. 필자의 기본문제를 풀 때 빨리 풀 수 있을 때까지 반복해야 한다는 공부법에 동의하지 않는 사람도 있을 것이다. 수학자의 말대로 문제집을 푼다면 모든 문제를 천천히 푸는 일정한 속도가 된다. 시간이 오래 걸리더라도 깊이 있게 해야 수학실력이 오른다는 것을 강조한다. 예를 들면,

훈련이 잘된 아이들이 국제 올림피아드에서 상위권이지만, 상위권에 들지 않는 유럽이 수학계에서는 항상 상위권이라는 말을 한다. 어떤 문제를 해결하는 데 걸리는 시간이 2분이든 2일이든 2년이든 해결만 하면 되기에, 수학자는 기본적으로 수학문제를 빨리 푸는 것에는 관심이 없다. 빨리 풀지 못하고 천천히 풀어도 수학자는 될 수 있다. 그런데 많은 사람들이 수학을 공부하는 목적이 수학자가 되는 것이 아니라 좋은 대학을 가는 수단으로 생각할 것이다.

우리는 하던 대로 하던 속도로 하려는 경향이 있다. 대충하는 버릇이 들린 아이는 기본문제든 응용문제든 가리지 않고 똑같이 빨리 풀려고만 하기에 기술에 집착한다. 꼼꼼하게 문제를 푸는 아이는 기본문제든 응용문제든 꼼꼼하게는 풀지만 반복하려고 하지 않는다. 대충과 꼼꼼 중에 선택하라면 꼼꼼하게 푸는 것이 습관이어야겠지만, 그렇다 해도 빠르기를 소홀해서는 안 된다. 수학시험은 정확도 못지않게 빠르기를 요구하기 때문이다. 항상성은 본능이고, 본능을 통제하도록 하려는 것이 교육이 아니던가? 수학문제 풀이에 리듬감을 주고 정리를 통해서 매듭을 짓는 교육이 필요하다고 본다.

9

수학은 효율적으로, 아이는 효과적으로 다가서라

우리는 사랑도 서둘러 한다. 우리는 아이에게 서둘러 공부하게 하고 아이를 서둘러 사랑한다. 소비하기 바빠서 생산하는 능력을 잃지 않는 것인지를 생각해야 한다. 수학을 잘하게 하는 것도 중요하지만 계속 공부하게 하기 위해서 가장 중요한 것은 부모와 자식 간의 관계다. 알다시피 사람은 기계가 아니다. 기계는 많은 시간을 돌리면 더 높은 생산을 하지만 사람은 꼭 그런 것만은 아니다.

필자가 효율과 효과를 처음으로 인지한 것이 중학교 때다. 인풋(*in-put*)과 아웃풋(*out-put*)이 있을 때, 아웃풋만 생각하는 것이 효과이고 효율은 효과에 능률을 더한 것이다. 최소한의 투자로 최대 효과를 거두는 것이 효율이라는 말이다. 그때 이 말을 액면 그대로 받아들여 효과보다는 효율이 훨씬 좋은 것이라는 생각이 들었다. 그 후 필자에게 효과는 차선이고, 최선은 효율이라는 생각이 지배하였다. 그런데 효율을 중시하였더니 직장에서의 능력은 인정을 받았지만 인간관계가 매끄럽지 않았다. 매끄러운 인간관계를 위해서 퇴근 후에는 술을 많이 마시기도 했다. 그것을 공과 사를 구분 못하는 상대방의 잘못으로만 탓했던 생각을 교정하는 데 오랜 세월이 필요했다.

어떤 일을 효율적으로 처리하기 위해서 주변 사람을 도구 취급하는 우를 범한 것이다. 세상에 도구 취급을 받고 기분이 좋을 사람이 어디 있겠는가? 예를 들어 가족이 부모를 '밥하는 기계'나 '돈 벌어오는 기계'처럼 취급한다면 머지않아 감정이 폭발할 것 같지 않나? 혹시 각자의 위치에서 제 할 일을 하는 기계의 부품처럼 아이에게 '너는 공부만 하면 돼!'라고 인심 쓰듯이 말하지는 않았나? 아이가 잘 인식은 못하겠지만 '공부하는 기계'쯤으로 취급한 것이다.

가족이 각자 처한 위치에서 돈 잘 벌고 살림 잘하고 공부 잘하면 뭐 더 바랄게 없는 효율적인 집안일 것이다. 이런 효율적인 집을 꿈꾸는 사람이 많겠지만 현실은 그렇지 않다. 문제가 없으면 인생이 아니듯이 반드시 구성원의 누군가가 제 역할을 다하지 못하는 사람이 나오기 마련이다. 이때도 계속 효율을 강조하게 되면 그 가정은 그 하나 때문에 풍비박산이 나게 된다. 작은 부품 하나 때문에 기계가 돌아가지 않는 것처럼. 이유는 간단하다. 기계나 사물과 달리 사람은 감정이라는 것을 가지고 있기 때문이다. 사람은 효율이라는 잣대가 아니라 효과를 생각해야 한다. 아이에게 효율만 강조하는 부모가 많아서 사설이 길었다. 정리해보면 한마디로 감정이 없는 수학은 효율적으로 다루고, 감정이 있는 아이는 효과적으로 다루어야 한다는 것이다.

수학은 효율적으로 하고 아이는 효과적으로 다루는 문제는 참으로 어려운 일이다. 수학을 효율적으로 익히게 하는 방법을 알아야 하는 것도 어렵고 아이에게서 공감을 얻어내는 것도 어려운데, 이들을 다시 조화를 이루어 실천하는 일이기 때문이다. 수학에서는 100−2=98은 항상 분명하지만, 자녀교육은 100−2가 80이나 0이 될 수도 있다. 똑같은 것을 아이에게 하게 할지라도 결정적인 2%가 부족하다면 결과는 판이하게 다르다. 어느 것이나 마찬가지라고 볼 수도 있지만 특히, 사람의 마음은 세심하게 챙겨주고 배려해주는 것이 중요하기 때문이다.

10 매니저에서 멘토로 변신하라

'자기 공부는 자기가 알아서 해야 한다'고 방임하는 부모는 무책임하고 인간교육의 본질을 잘못 이해하고 있는 것이다. 인간교육은 마치 윈드서핑을 타는 것과 같다. 처음에는 기본교육을 받겠지만 먼 바다까지 요트로 태우고 가서 보드를 이끌어 주다가, 결국 파도가 넘실대는 해안가로 가면서 줄을 풀어주는 것과 같다. 그래서 기본교육이라 할 수 있는 초등학교에서 부모는 매니저의 역할을 충실히 해야 한다. 그런데 그 매니저 역할이라는 것이 성적이 높아질수록 그 성적을 유지하기 위해 더 많은 공부를 시키다가, 급기야 아이가 이것을 거부하는 상황까지 몰고 간다는 데에 있다.

공부를 시킬 수는 있어도 생각하게 할 수는 없다. 결국 공부를 시키는 것에 비례하는 성적을 얻지 못하면 공부를 더 많이 시키게 된다. 그래도 안 시키는 집보다는 잘하기에 위안을 얻을지는 모르겠지만, 문제는 이 과정에서 부모와 아이의 관계가 멀어질 수 있다는 것이다. 심지어 엄마를 마귀할멈이라고 칭하는 아이까지도 보았다. 부모에게는 효율적인 공부법이 보인다. 그래서 '네가 지금은 힘들지만 나중에는 엄마가 이렇게 시킨 것에 대해서 감사하는 날이 올 것이다'라고 생각하고, 나중에 '엄마가 시킬 때 잘할 것을' 하는 후회를 하지 말라고 협박(?)까지 하게 한다.

맞다. 언젠가 엄마에 대한 감사와 후회를 할 것이다. 그러나 그 언젠가가 교육이 다 끝난 성인이 되어서 밀려온다면 소용이 없다. 권위적이고 강압적인 부모의 자녀들이 더 심한 사춘기를 겪거나 아니면 학습뿐만 아니라 모든 면에서 많이 무기력해지는 것을 본다. 지금 초등학교에서 고분고분 말 잘 들으니, 나중에 중·고등학교에 가서도 그럴 것이라는 것은 착각이다. 교육의 최종 목적지는 혼자 독립하는 것이기에 나중에 중·고등학교에서도 고분고분한 것은 마마보이가 되는 것이다.

초등학생은 아직은 독립적으로 올바른 판단을 할 수 없기에 부모는 관리하는 매니저 역할을 한다. 그런데 매니저는 기본적으로 '관리'라는 감시와 감독이라는 방법으로 공부를 시키기 때문에, 혼자 공부하기 등의 측정 불가능한 요소들을 모두 무시하는 결과를 가져온다는 것을 잊으면 안 된다. 공부를 더 빨리 잘하게 한다 해서 모두 성공하거나 중·고등학교까지 공부를 잘하는 것은 아니다. 초·중학교에서 공부를 잘하다가 고등학교에 가서 공부를 못하는 많은 학생들이 이를 증명해준다.

아이에게 '빨리'라는 말을 빼자. 그리고 효율에서 벗어나 효과만 생각한다면 현재 공부법에 많은 변화를 줄 수 있을 뿐만 아니라 부모와 지식간의 불화를 막을 수 있다. 초등학교에서는 관리가 불가피하여 엄마가 매니저 역할을 해야겠지만, 중학교를 거치면서 공부의 주도권까지 아이에게 넘겨주자. 그리고 고등학교에서는 공부법의 주도권을 전부 넘겨줄 수 있도록 준비해나가야 한다.

다만 부모는 멘토의 역할만 하면 된다. 그렇게 하지 않으면 밤 12시가 다 되어서야 들어오는 아이를 관리할 수도 없거니와 나쁜 멘토가 될 수도 있다. 나쁜 멘토는 멘토가 아니다.

2

초등수학의 최종 목표는 연산력이다

0

4~7세 아이의 수학공부, 뇌 발달을 이해하라

아이를 낳고 교육한다는 것은 자신을 위주로 살아왔던 세계를 버리고 새로운 자신을 만나는 일이기도 하다. 새로운 모습의 자신이 맘에 들지 않는다면 세상에서 가장 힘든 것이 아이 키우는 것이 될 수 있다. 그러나 어렵기 때문에 역으로 가장 기쁜 것도 아이 키우는 일이 될 수 있다. 건강하게 태어나서 너무 기뻤던 기억도 망각하게 되고, 점차 아이가 커가면서 아이가 순하면 괜찮지만 그렇지 않으면 순간순간 너무 지치게 될 때도 있다. 엄마도 종교든 음악이든 어떤 형식이든 재충전을 해야 혈기(?)왕성한 아이들을 감당하게 될 것이다. 0세에서 2세까지는 필자의 전공분야도 아니니 엄마에게 공을 넘기고 만 3세 즉 4세부터 출발해보자!

아이의 뇌 발달을 이해하라

만 3~6세는 전두엽(이마 부분), 7~9세는 측두엽(옆머리), 10~12세는 두정엽(정수리 부분), 13 이후는 후두엽(뒷부분)이 발달하는 단계다. 이중 전두엽은 전체를 포괄하는 머리로 컴퓨터로 말하면 중앙처리장치(CPU)에 해당한다. 나머지도 간단하게만 설명하면 측두엽은 암기, 두정엽은 논리, 후두엽은 시각을 관장한다.

전두엽이 자라는 시기의 아이는 거의 모두 천재라서 교육의 효과가 엄청나다. 이 시기가 천재인 이유는 감정, 판단, 행동 등 해도 되는 것과 하면 안 되는 것을 구분하고, 아이가 생존에 필요한 다양한 지식을 습득하기 위해서다. 이때 아이의 공부는 각인에 가깝다. 다양한 것을 보여주는 것만으로도 앵커링(앵커는 원래 선박의 닻이란 뜻으로 항해를 하다가 정박하고 싶은 곳에서 닻을 내린다는 의미로 필자가 사용하는 용어다.) 되고 앞으로의 많은 지식들이 바로 앵커링 된 지점을 중심으로 확장되게 된다.

인생에서 배워야 할 것은 유치원 때 다 배웠다는 말이 허언이 아니라는 말이다. 이것으로 볼 때, 만 3세에서 6세까지의 전두엽이 완성되는 시기는 아무리 강조해도 부족할 만큼 중요하다. 또 7세 이후 교육과는 전혀 다른 교육을 해야 한다는 것을 이해해야 한다. 이 시기의 교육을 잘못하면 아이의 전 생애를 통해서도 거스를 수 없을 만큼 치명상을 입게 된다. 우리 아이가 천재라고 국어, 영어, 수학, 한자 등의 인지교육을 본인 의사와 무관하게 반복해서 시킨다면 오히려 머리가 나빠지는데 부모만 모르고 있다. 이런 교육은 측두엽이 자라는 시기에 시켜야 하는데 과부하가 걸리는 것이다. 좀 더 심하게 시키면 과잉학습장애가 생겨서 병원을 찾는 사람이 1년에 십만이 넘는다.

인지학습을 과하게 시키면 아이는 생존을 위해서 머리에서 거부를 하게 되는데 이를 과잉학습장애라 한다. 이때 거부는 받아들이기 어려운 일부만 선택적으로 거부할 것이라 착각하기 쉬운데 일부가 아니라, 할 수 있는 모든 것을 거부하기 때문에 공부는 둘째치고 치료기간이 오래 걸리게 되며 완치가 힘들다. 병원을 찾는 사람이 이 정도이니 단지 머리가 나빠진 정도의 아이가 얼마나 많을지는 미루어 짐작할 수 있을 것이다.

필자가 의심이 가는 아이들을 역추적해보면 90%는 과잉학습 탓이고, 나머지 10%는 무자극이 원인이었다. 이시기의 아이들이 천재라는 것은 민감하다는 것이고 민감성을 살리는 교육을 해야 한다.

창의력이 손상되지 않도록 하라

많은 사람들이 창의력이 중요하다고는 하지만 막상 창의력을 길러주는 방법을 알려주는 경우는 드물다. 지면 여건상 길게 얘기할 수는 없지만 창의력은 한마디로 '낡은 것들의 재결합'이다. 필자가 생각할 때 창의력은 학생시절에만 자라는 것이 아니라, 초등4학년에서 약간 주춤하지만 어려서부터 30대 중반까지 계속 자라는 것이다.

창의력 중에 독창성의 기반을 기르는 시기가 바로 3~6세이니 무척 중요한 시기다. 나머지 학창시절에 특별히 창의력을 강조할 이유가 없다고 생각한다. 이 시기는 인간이 살면서 해도 되는 일과 해서는 안 되는 일을 습득하는 시기로, 안 좋게 말하면 선입견이나 고정관념을 만드는 시기다. 고정관념은 남들이 생각하지 못하는 독창적인 아이디어를 만드는 데 장애요소가 된다.

예를 들어 똥은 무조건 '더럽다'는 의미로만 가르치게 되면 앞으로 조합을 하게 될 때, 똥은 조합의 대상에서 배제하게 될 가능성이 높다. 무조건의 고정관념이 아니라 다양한 쓰임새와 함께 '더럽다'로 가르쳐야 할 것이다.

아이들은 모두 천재요, 철학자다

4세 이후 말이 급격히 늘면서 아이들은 끊임없이 물어오는 철학자가 된다. 완벽한 대답을 원하지 않으며 그 질문의 대부분은 자기 스스로에게 하는 것이다. 다만 자신의 말에 귀기울여주고 관심과 호기심을 공유해주는 어른이 필요할 뿐이다. 아이가 물어 볼 때 모른다면 '너는 어떻게 생각하니?'라고 다시 물어보면 되고, 아는 것이라면 사실 중심으로 간단하게 설명하면 된다.

길게 설명해봐야 아이가 듣지도 않을 것이며 길게 논리를 가르치려고 하면 의도와는 달리 앞으로 아이의 질문을 막는 일이 된다. 안아주기와 들어주기가 부모가 행하는 가장 중요한 것이다. 슬퍼할 때 위로해주고 위로 받고 싶어 할 때 따뜻하게 안아주어야 한다. 정서적으로 안정감을 가져야 할 때 독립심을 기르라고 밀쳐낸다면 애착관계가 형성되기 어렵다.

부모가 완벽하지 않은 것처럼 아이도 완벽하지 않다. 아이가 완벽하지 않은 것처럼 부모도 완벽하지 않아도 된다. 그렇다고 좋은 부모가 되려는 노력을 멈추라는 말은 아니라 아이에게 안정감을 주라는 말이다.

초등 입학 전 수학은 덧셈, 뺄셈이 아닌 놀이로 가능하다

이 시기에 수학학습지를 시키면 초등 저학년에서 수학을 잘한다. 그러나 초등 고학년에서 잘하리라는 보장이 없으며, 앞서 말한 것처럼 오히려 더 안 좋은 결과나 치명적인 결과를 만들어 낼 수 있다. 학습지를 시키더라도 최대한 늦추어서 7세부터여야 하고, 그것도 부모가 심적으로 초등 저학년에서 낮은 성적을 감당할 수 있다면 오히려 초등학교 입학 후로 미루는 것이 좋다.

원래 국·영·수는 모두 처음 교육이 모두 인지교육으로 암기를 필요로 하는데, 암기 능력은 측두엽이 발달하는 초등학교 저학년에서 시켜야 하는 교육이다. 그래도 불안해서 꼭 시켜야겠다면 먼저 가장 확장성이 큰 국어를 가르쳐야 한다. 초등 저학년의 성적 차이는 대부분 국어 실력의 차이다. 해야 될 시기가 정해진 학습지가 아니라 놀이로 접근할 수 있는 책도 하지 말라는 것은 아니다. 아이는 모든 것이 놀이다. 아이가 하고 싶어서 스스로 하는 것은 많이 반복하거나 어떻게 해도 상관없다. 초등학교에 들어가기 전에 수학에서 해야 할 것들을 나열해본다.

첫째, 1부터 10까지를 바로 거꾸로 암송하고 쓸 수 있어야 한다. 이런 연후에 20, 30까지 확장한다. 한편 20까지는 도트카드를 통하여 한 눈에 알아볼 수 있어야 한다.

둘째, 덧셈은 첫 번째 것을 한 후에 다음 수로 도입한다. 더하기 3까지 차례로 하면서 보수(더해서 10이 되는 수)를 연습하면 계산준비가 다 되었다. 그런데 시간이 모자라면 덧셈은 초등학교로 넘어가서 해도 된다.

셋째, 주변에 있는 사물들을 통해서 세모, 네모, 동그라미 등 모양이 서로 같은 것을 찾아보고 그려본다.

넷째, 일상생활 중에서 크다와 작다, 많다와 적다, 높다와 낮다, 길다와 짧다, 넓다와 좁다 등을 통해서 비교 개념을 알려준다.

초등입학 전에 준비해야 할 수학이라는 것이 덧셈, 뺄셈이 아니다. 기본적인 수와 양의 개념을 확실히 해야 나중에 덧셈과 뺄셈을 잘하게 된다. 그리고 읽어보면 알겠지만 도트를 통한 훈련 이외의 것은 대부분 일상의 대화나 놀이로 가능하다는 것을 알 수 있을 것이다. 간혹 아이에게 공부를 가르치면 연세 드신 분들이 예전에는 그런 것 없이도 아이가 커지면 저절로 알게 되었다고 못마땅해하는 분들이 있다. 그러나 아이의 환경이 예전과는 달라져서 가르치지 않으면 안 되며 특히 수학을 저절로 깨우치는 일은 없다.

수학을 이해하고 아는 것은 학생들 간의 차이가 적다. 수학은 항상 다음 수학을 준비하는 과정이고, 얼마나 정확하고 확실하게 아느냐의 차이가 다음 수학의 질을 결정한다. 정확하고 확실하게 아는 방법에는 '감동'과 '반복'이 있는데, 이 중에 실질적으로 활용할 수 있는 것은 반복 밖에 없다. 반복의 방법인 학습지와 놀이 중에 단연코 놀이가 더 훨씬 더 반복이 많다. 딱지치기, 구슬치기, 땅따먹기, 홀짝 놀이 등은 최고의 수학공부에 해당하는데 요즈음에 이런 놀이를 하는 아이들이 없다. 가르치지 않으면 안 되는 더 어려운 상황이 온 것이다. 그래서 지치고 의무감에 빠진 엄마와의 놀이나 학습지 등 자연스럽지 않은 고통의 사태가 연출되는 것이다.

그러나 최선이 없으면 차선이라도 택해야 하는 것이 세상의 이치인 것을 어찌 거스를 수 있겠는가? 공교육이든 사교육이든 효율과 효과를 넘나들면서 적절하게 활용해 나가야 할 것이다.

1

수학이 요구하는 것을 아이가 하게 하라

첫 아이를 키울 때는 자식을 올바른 아이로 키워야겠다는 생각으로 엄격하기 마련이다. 그런데 둘째는 나아진 경제력과 더불어 어느 정도 엄격함이 풀어진다. 사람은 몸에 밴 습성이 있어서 옛날보다는 풀어졌지만 여전히 첫째에게 장남, 장녀라는 이름으로 좀 더 엄격하다. 이렇듯이 똑같은 부모 밑의 자녀도 알게 모르게 첫째와 둘째에 대한 태도가 다르고 자라온 경제적 환경이 다르다.

그래서 교육 전문가들이 하나같이 아이마다 모두 다르니 각자의 상태를 잘 파악하여 그에 맞게 키워야 한다고 하나 보다. 구구절절 옳은 말이다. 어쩜 그렇게 콕 집어 우리 집 얘기를 할 수 있는지 저절로 무릎을 치게 하며, 그야말로 힐링이 따로 없다. 그런데 여기까지다. 그래도 조언대로 하려고 시도한 사람은 나은 편이다. 최적화된 양육법, 학습법을 찾으려는데 그게 말이 쉽지 결국 예전으로 돌아가게 되니 자식교육이 세상에서 가장 어렵다는 것이다. 그런데 각기 아이의 특성에 맞추어야 하는 양육법과 달리 학습법은 생각을 바꾸면 해결책을 쉽게 찾을 수도 있다.

아이가 잘되려면 아이에게 맞추어야 하듯이 수학을 잘하려면 수학에 맞춰라

사람마다 다르겠지만 필자는 학습법이란 타이틀을 달고 있는 책들이 흔히 말하는 '자신만의 공부법을 찾아라'라는 말을 싫어한다. 자신만의 공부법을 찾으라고 할 거라면 책은 왜 썼느냐고 반문하고 싶을 지경이다. 성격유형, 혈액형, 가정형편 별로 아무리 세분하려해도 어느 개인에게 꼭 들어맞는 학습법은 존재할 수 없으며, 결국 열심히 많이 공부하면 공부를 잘한다는 식으로 흘러간다. 이것은 학생들이 현재도 하고 있는 것이니 학습법 책이 아니라 동기부여를 해 주는 책이라 하는 것이 맞을 것이다.

이렇듯 학습의 관점을 개개인으로 맞추면 사실상 답이 없어진다. 수시로 바뀔 수 있는 개인의 감성이나 특성에 초점을 맞추지 말고 공부하려는 과목의 특성에 맞추자. 그러면 지향해야 하는 것과 방법이 변하지 않기 때문에 일관된 공부를 할 수 있다. 과목의 특성에 초점을 맞추고 나서 여유가 있다면 개인의 특성은 그 다음에 맞추어도 될 것이다. 아이가 잘되려면 아이의 특성에 맞추는 것은 당연하다. 얼핏 생각하기에 그렇다면 수학도 아이의 특성에 맞추어서 공부해야 하는 것이 아닐까란 생각이 들 수 있다.

그러나 아이를 키우는 논리와 수학을 대하는 논리로 말해보자. 아이가 잘되기 위해서 아이의 특성에 맞추었듯이 수학을 잘하고 싶다면 당연히 수학의 특성에 맞추어야 한다. 많은 전문가나 학부모가 생각하는 것처럼 아이마다 개성과 특성에 맞게 공부해야 한다는 것은 적어도 수학에 있어서는 아니다.

아이를 선생님에게 처음 맡길 때를 상상해 보자. 많은 부모들이 아이를 맡기고자 하는 선생님들에게 아이의 수학성적이나 특성 등을 자세하게 설명한다. 아마 아이에 대한 정보를 많이 알면 거기에 맞춘 교육을 기대하기 때문이리라. 그러나 오히려 선생님으로 하여금 그 아이에 대한 선입견을 갖게 될 수 있다는 것은 생각해 보지 않았는가? 필자의 대답은 아니다. 그 이유에 대해 두 가지로 설명할 수 있다.

첫째, 아이의 수학실력은 몇 문제만 풀게 하면 그동안의 수학 이력뿐만 아니라 앞으로도 예측이 가능할 만큼 정확하다.

수학은 지금까지 배운 것과 앞으로 배워야 할 것이 정해져있듯이 그만큼 변수가 적기 때문이다. 그런데 아이의 수학실력을 부모에게 듣는다면 아무래도 부모의 기준에 의한 평가가 이루어질 가능성이 높다. 부모보다 잘한다거나 부모가 생각하는 것보다 잘하는 것이 잘하는 것의 기준이 될 수 없다. 오히려 부모의 기준을 듣게 되어 선입견만 갖게 될 우려가 있다. 또한 아이의 수학실력은 현재가 중요한 것이 아니라 앞으로가 중요한데 행여 낙인을 찍을 우려도 있다.

둘째, 현재 아이 성향이나 특성에 따른 공부가 도움이 되지 않는다.

수학을 잘하기 위하여 아이가 가져야 할 특성은 정해져 있다. 지루한 것을 싫어하는 아이에게 짧고 재미있게 가르치는 것은 일시적으로 시행하는 하나의 기술일 뿐이다. 현재 아이 성향을 유지시켜가며 공부하는 것은 교육의 목표가 아니다. 올바른 변화를 일으키는 것이 진정한 교육의 목표다. 필자는 수학의 특성에 맞추어 공부를 시키는데, 아이들이 재미있어하니 학부모들은 마치 아이의 특성에 맞추어 공부를 시키는 줄로 착각하는 경우가 많다.

아이들에게 수학은 아주 쉽거나 너무 어렵거나 둘 중의 하나다. 그런데 어려운 것이 중요한 경우는 극히 소수이고 대부분 쉽고, 상식이라고 생각하는 것이 중요한 것이다.

수학이 아이들에게 요구하는 것은 무엇인가?

수학은 추상성, 계통성, 불가역성, 형식성, 논리성과 직관성, 일반성과 특수성 등의 특성을 가지고 있다. 어려운 말들이 많지만 한 마디로 차곡차곡 공부해서 뒤로 가는 일이 없도록 해야 계속 잘한다는 말이다. 그렇다면 이런 특성을 가진 수학이 구체적으로 초등학교 아이들에게 요구하는 것은 무엇인가? 앞으로 좀 더 자세하게 설명하겠지만 먼저 열거부터 한다.

첫째, 성실성을 요구한다.

학습지든 문제집이든 어떤 학습방법을 취하든지 수학공부를 중단하는 날까지는 매일 수학문제를 풀어야 한다. 이 방법을 택하게 되면 작든 크던 성과를 얻게 되나 그렇지 않은 학생은 모두 수학을 포기하게 될 것이다. 이것은 한마디로 성실성을 요구하는 것이며 어느 과목도 이처럼 성실성을 요구하는 과목은 없다. 그런데 역사상 성실하지 않은 위인은 한 사람도 없었다. 인생에서 성실성은 수학보다 더 중요한 것이니 매일 수학문제를 푸는 것을 학습의 기본원칙으로 정해야 할 것이다. 가까워지면 닮는다고 하였다. 어렵겠지만 습관을 잘 기른다면, 점차 수학과 닮아져서 성실하고 논리적이며 매력적인 아이로 바뀌는 것을 볼 수 있을 것이다.

둘째, 정확도와 함께 빠르기를 요구한다.

시험은 항상 정확도와 함께 제 시간 내에 풀기를 요구한다. 아이가 시험을 보고나면 시험점수만 묻는 것은 정확도만 체크하는 것이다. 학부모도 그렇지만 교과서도 수학자도 어느 한 사람 빠르기에 대해서 말하는 사람이 없다. 오히려 교과서는 가르치기 편한 알고리즘으로 넘쳐나고 강요해서 빠르게 하지 못하게 만든다. 물론 초등학교 시험에서 시간이 부족했다는 아이는 많지 않다. 그러나 빠르기를 기초력으로 하여 중·고등학교의 수학문제를 풀게 되는 것을 아는 사람은 많지 않다.

중·고등학교에서는 시간만 좀 더 주어진다면 더 많은 점수를 받을 학생으로 넘쳐난다. 아이가 커가면서 빠르기가 계속 자랄 것으로 생각하는 것은 착각이다. 빠르기는 초등학교에서 완성되며 중·고등학교에서 일부 빨라지는 것은 기술적인 부분이라서 한계가 있다. 그런데 현재 학교교육은 빠르기를 무시함으로써 치명적인 약점을 안고 있으니, 반드시 학부모는 아이의 빠르기를 채워주는 수고를 아끼지 말아야 할 것이다.

셋째, 정확한 개념이해를 요구한다.

개념이 중요하다는 말은 모든 사람들이 하는 공통분모다. 그런데 아이러니하게도 아무도 개념이 무엇이라고 말해주는 사람도 가르치는 사람도 없다. 가르치는 사람이 없으니 대부분 아이들은 정형화된 문제풀이에만 익숙해져 있기 때문에 조금만 비틀면 못 푸는 것이다. 그래놓고는 아이보고 생각하라고 다그친다. 아이의 머릿속에 개념이 없는데 무엇을 생각하라는 말인가? 개념이 없다면 응용문제에서 사고력이나 문제해결력을 발휘할 수 없고 그러니 더더욱 발전할 수가 없는 것이다.

초등학교에서 가르쳐야 하는 기본개념으로 필자가 『초등수학 개념사전62』라는 책에서 정리하였다. 간단하게 언급하면 덧셈, 뺄셈, 곱셈, 나눗셈의 기호, 괄호, 등호, 부등호와 같이 연산에서 필요한 기호와 분수의 성질, 등식의 성질 등이 있다. 개념을 한두 번 듣거나 책을 읽는다고 개념을 익히는 것은 아니다. 대략적인 개념이해가 아니라 정확한 개념이해를 요구한다는 것에 주목하기 바란다. 개념을 익히고 문제를 풀면서 계속 확인하는 작업을 거쳐야 비로소 정확한 개념이 머릿속에 장착이 되는 것이고, 그래야 응용이 가능한 상태가 된다.

넷째, 사고력, 문제해결력을 요구한다.

수학에서 사고력과 문제해결력을 요구하는 것은 초·중·고가 따로 없다. 수학이 최종으로 요구하는 것이니 꾸준히 노력해야 하는 과제다. 개념을 알고 있을 때 아이에게 깊이 생각하기를 요구할 수 있다. 기본문제들을 풀면서 개념을 확실하게 다졌으면 어려운 문제에 도전해야 한다. 사고력은 당연히 어려운 문제를 풀면서 요구되며 어려운 문제는 개념이 여러 개 뭉쳐있는 상태다.

쉬웠듯이 보이는 각각의 개념들이 3~4개만 뭉치면 최고난이도가 되고, 이들 개념 중에 하나만 몰라도 그 문제는 풀 수가 없는 상태가 된다. 각각의 개념을 확실하게 습득해 놓아야 아이가 생각할 수 있는 힘의 바탕이 된다. 어려운 문제를 창의적으로 풀어낼 수 있는 창의적인 인재가 되어야 한다고들 말한다. 창의적인 인재는 수학의 시험범위를 넘어서는 요구라는 것을 알아야 한다. 초·중·고에서 창의적으로만 풀어내야 하는 문제는 없으니, 사고력을 기르고 다양한 각도에서 문제를 바라보며 알고 있는 개념을 사용하려 하는 것이 시험을 정복하는 길이라는 것을 잊지 말자.

2

초등수학의 가장 큰 줄기는 연산력이다

1~2학년에서 수학을 잘하면 부모는 내심 회심의 미소를 띤다. 학교 들어가기 전에 공부해놓은 것이 잘했다는 생각과 함께 부모가 학창시절에 수학을 잘 못했을 경우는 더더욱 그렇다. 아마도 아이의 첫 단추를 잘 꿰었다는 안도감 때문이리라. 그러나 심하면 3학년에서 아니면 4~5학년이 되면서 아이들이 수학을 어려워하거나 싫어하는 경우가 많다. 이때 집에서 가르치기 버겁거나 아이와 실랑이를 하는 횟수가 늘기 시작하여 학원을 선택할 것이다.

그러나 그렇게 해서 학원이 해결책을 제시해 주지는 않는다. 그 단적인 예로 아이들이 학원에 다니면서 수학을 좋아하거나 기피하는 현상이 없어지지 않는다는 것으로 알 수 있다.

그래서 초등학교 4학년에서 아이가 앞으로 수학을 잘할 것인가, 포기할 것인가가 결정된다는 말이 돌고 있는 것이다. 간혹 4학년 수학을 열심히 가르쳐야 하는 것으로 생각하는 부모님들도 있는데, 이것은 오해다. 이유는 간단하다. 4학년 수학이 문제가 아니라 1~3학년에서 수학을 잘못 가르친 것에 대한 결과가 4학년에서 나타나는 것이기 때문이다. 4학년에서 학생들이 어려워하는 것은 1~3학년에서 배운 자연수의 사칙계산에서 충분한 훈련을 하지 않은 상태에서 수가 많이 커졌기 때문이다. 5학년에서 어려워하는 것도 최대공약수나 최소공배수를 통한 약분이나 분수의 사칙연산이 역시 1~3학년에서 배운 연산의 힘을 바탕으로 하는 것이기 때문이다.

연산은 잘 준비해 놓아야 할 작업도구다

많은 전문가들이 수학문제를 풀기 위해서는 사고력, 집중력, 문제해결력, 창의력 등이 필요하다고 하니, 이 말을 들은 학부모들은 수학에서 이것들을 아이로부터 끌어내려고 노력한다. 그러나 이것은 수학이라는 과목에 너무 큰 짐을 지우는 것이라는 생각은 들지 않는가? 수학이 아닌 다른 과목에서도 얻을 수 있는데 유독 수학에서만 요구하는 경향이 있다는 것을 말하고 싶다. 사고력, 집중력, 문제해결력, 창의력 등의 공통점은 바로 생각을 바탕으로 한다는 것이기에 많은 사람들이 이해를 하느냐가 가장 중요하게 생각하는 것 같다. 항상 이해를 제일 먼저 해야 되는 것은 맞다. 그러나 이해를 한 후에는 곧장 중간 단계를 건너뛰고 사고력을 필요로 하는 어려운 문제로 가려는 경향을 보이는 것은 문제가 있다.

특히, 연산은 많은 생각을 필요로 하는 것이 아니니 더더욱 무시하는 성향이 많다. 예를 들어 6×7은 6+6+6+6+6+6+6을 이해했다고 해서 매번 6+6+6+6+6+6+6을 계산해야 한다면, 사고력은커녕 수학 자체가 싫어질 것이다. '6×7=42'가 바로 입에서 튀어나와야 머리에 부담을 주지 않고 다음 생각을 할 수 있다는 것이다. 그런 의미에서 연산은 사고력이나 문제해결력을 위해 필수적으로 갖추어야 할 도구다. 어떤 훌륭한 목수도 연장이 무딘 상태로 작업을 하지는 않는다. 연산은 단순하니 계속 문제를 풀다 보면 저절로 해결될 것이라는 생각은 착각이다. 아이들이 집이나 학원에서 문제집을 풀면서 연산력과 사고력이 점점 나아지기를 기다리겠지만, 준비가 안 된 아이들은 점차 더 무기력해지기만 할 뿐이다.

많은 시간과 돈을 투자해 공·사교육에서 사고력을 키우려고 했다. 그러나 현실적으로 중학교의 절반이 사고력은커녕 분수의 사칙계산마저 하지 못한다. 중학교에서 50%의 학생들이 포기를 한다고 하였는데, 바로 그 아이들이 분수의 연산을 하지 못하는 학생들이다. 중학교에서 포기한 학생들이 머리가 나쁘거나 사고력이 없어서

가 아니다. 단순하게만 보이는 연산이 그 아이들에게 넘지 못할 벽으로 다가온 것이다. 만약, 수학을 포기하여 10~20점이 나오는 아이들이 사고력이 떨어져서 이해를 하지 못한다면, 아마도 필자가 이 아이들을 90~100점으로 끌어 올리는 것은 불가능할지도 모른다. 그런데 이해로만 보면 이해를 시켜서 이해를 하지 못하는 학생은 아무도 없었다. 이해가 전부가 아니라는 말이다.

고등학교 수학도 마찬가지다. 이해를 시키기 어려운 것이 아니라, 초등학교에서 길렀어야 할 연산력과 중학교에서 충실히 길렀어야 하는 수식에 대한 개념부족이 항상 직접적인 원인이었다. 중·고등학교 수학이 무조건 어렵다고만 생각하는 학부모가 많지만, 고등학교 수학문제에서 수식을 걷어내고 알기 쉽게 말로 풀어서 초등학교 고학년에게 설명하면, 이렇게 쉬운 것을 배우냐고 한다. 사고력이 중요하지 않다는 것이 아니라 초등학교에서는 사고력의 발판이 되는 연산력이 먼저라는 것이다.

연산력을 강화한 학부모는
사고력을 가르치지 못해 후회하고,
사고력을 강화한 학부모는
연산력 때문에 후회한다

극단적으로 말해볼까? 연산력을 위주로 가르친 아이들은 수학을 포기하지 않지만 점수가 높지 못하다. 그리고 사고력만 기른 아이들은 수학을 계속할 확률이 떨어진다. 물론 연산력만 가르쳤는데도 사고력이 있는 아이는 수학을 잘할 것이고, 사고력만 가르쳤는데도 연산력을 이미 갖춘 아이는 잘한다. 어떤 방법이든지 연산력과 사고력을 둘 다 기른 아이만이 수학을 계속 잘하게 된다는 말이다. 연산력과 사고력라는 두 마리 토끼를 모두 잡아야 하는데, 아이들은 과정이라서 동시에 잡기가 어렵기 때문에, 결국 연산력과 사고력이란 두 개 중에 어느 것을 먼저 하느냐는 문제가 발생한다. 그런데 가지 않은 길은 아름답게 보인다고 했던가? 어떤 선택을 해도 후회는 남을 것이다.

고등수학을 가르치는 어느 유명 강사가 고등학생 자녀를 둔 학부모를 위한 강연에서 수학을 어려워하는 이유는 수능이 요구하는 것은 창의적인 인재인데, 우리 아이들은 어려서부터 학습지를 통한 연산력만 길러서 머리가 굳어있기 때문이라는 말을 했다. 강연장의 학부모들이 주로 연산력을 위주로 공부시켜온 학부모들이었는지, 많은 공감과 후회의 웅성거림이 있었다. 공감이 가는 말이기는 하지만 역으로 연산력을 기르지 않았다면 아이가 이미 포기했을 가능성이 높으며, 아이가 포기했다면 학부모가 이런 강연장에 오지도 않았을 것이라는 생각을 했다. 후회하던 학부모들에게는 어떻게 들렸는지도 모르지만, 그 뒤를 이은 수학문제 풀이의 세부 내용 중에는 다시 기본적인 계산은 빠르게 되어야 한다는 말을 한다. 그런데 학습지를 통한 연산력을 기르지 않으면서 기본계산은 빨리해야 한다는 말을 어떻게 해석해야 할까? 학습지가 아닌 다른 방법으로 연산력을 기르는 방법은 무엇일까? 여러 가지가 떠올랐지만, 연산력 없이 수학을 지속할 수 없다는 것을 알고 있는 필자에게는 결국 머리가 굳지 않는 범위 내에서 연산력을 기르라는 말로 받아들이고 말았다.

1, 3, 5학년에는 연산력을 키워주라

현장에서 아이들을 가르치는 사람은 연산력이 갖는 파괴력을 실감한다. 그러나 아이들을 어려서부터 꾸준히 가르쳐본 경험이 없는 강사나 전문가들이 사고력을 강조하기 위하여 연산력을 깎아내리는 말을 많이 한다. 계속 연산력을 기르다가 전문가의 이런 말을 들으면 많은 학부모는 현재의 방법에 회의를 느끼게 만든다. 뿐만 아니라 간혹 엄마나 아빠와 함께 연산력을 기르지 않고 어려운 문제만 풀었는데도 수학을 잘하게 되었다는 책을 본다. 사고력 위주로 가르쳤는데 연산력을 아이가 얻는 케이스다. 이런 책에서는 연산력은 중요하지 않으니 생각하는 힘을 기르라는 충고를 한다. 그런데 연산력을 기르는 과정 없이 연산 능력을 기를 수는 없다.

연산력을 얻는 방법이 학습지나 문제집 등에 꼭 써야만 되는 것이 아니라, 어떤 방법이든지 머릿속에서 필요한 만큼의 반복만 이루어지면 되는 것이다. 대부분 책에서는 언급되지 않지만 필자가 보기에 이런 아이는 과제 집착력이 있는 영재라서 머릿속에서 연산력을 연습한 것이다. 평상시에 머릿속으로 반복하여 연산력을 완성시킬 수 있는 경우라면 사고력 위주로 가르쳐야 되는 것이 맞다. 그런데 이런 아이들은 극소수여서 이것을 보편적으로 적용하기는 어렵다. 간혹 초등학교 부모님들 중 연산력을 기르다가, 머리 좋은 우리아이의 사고력을 잃게 되는 것은 아니냐 하고 반박하는 분이 있었다. 필자가 주장하는 것은 초등6년 내내 연산력을 기르라는 것이 아니라 최소한 1, 3, 5학년에서 수학이 요구하는 연산력을 반드시 길러주라는 말이다.

만약 아이 머리가 좋다면 암산력 50초와 빠르기 1분 20초 등을 3년이 아닌 더 빠른 기간 내에 갖출 수도 있을 것이다. 연산력 향상 없이 사고력만 갖춘 아이들은 모두 수학을 포기하게 되어 사례 자체가 존재하지 않는다. 역으로 말하면 사고력만 길렀는데도 아이가 연산력까지 갖추게 된 경우가 소수이기에 책까지 쓰게 된 것이다. 그렇다고 이런 책을 보지 말라는 것이 아니다. 이런 책은 비록 사례가 하나지만 종적인 연구이고, 또한 부모가 아이의 사고력을 높여주기 위해서 인내심을 가지고 방법을 찾고 노력하는 것은 참으로 배울만하다. 다만 무조건 따라 할 것이 아니라 숨은 이면을 보고 판단해야 한다.

주위를 보면 엄마가 가르치는 집, 연산력 학습지를 하는 집, 학원을 보내는 집으로 크게 구분된다. 이중에 한 가지만 선택하여 하는 집도 있지만, 많은 경우 엄마표와 학습지, 엄마표와 학원, 학습지와 학원 등으로 조합하여 하고 있다. 필자가 볼 때 어렸을 때 가장 효과가 높은 조합은 엄마표와 학습지다. 학습지로 연산력을 기르고 엄마가 사고력이나 집중력을 키워주려고 노력하는 집인데, 거기에 한 가지가 덧붙여 부모와 자식 간의 사이가 좋아야 한다는 것이 추가 되어야 계속 잘하는 조건이 된다.

연산력을 기르는 것은 원칙이라서 타협의 대상이 아니고, 사고력은 다소 부드럽게 유연성을 가지고 상황에 대처하는 방법이다. 문제집의 쪽수나 문제의 개수에 집착하지 않고, 어려운 문제는 인정해주어야 아이도 마음 놓고 고민을 하게 된다. 그래야 연산력을 바탕으로 사고력을 키워주는 환경을 제공할 수 있다.

그런데 엄마가 적극적이고 자신감이 높으며 아이가 어릴수록 엄마표 비중이 높고, 엄마가 학창시절에 수학을 못했다거나 고학년이 되어서 가르치기가 어렵다고 생각되면 학원의 비중이 높아지게 된다. 결국 교육의 주도권이 엄마에서 학원으로 가게 된다는 것이다.

그런데 부모님은 학원을 보내는 것이 안심이 될 수도 있지만 올바른 방법이 아니라고 말해주고 싶다. 교육의 주도권을 초등 저학년에서는 엄마가 쥐어야 하지만, 그 주도권을 학원이 아닌 아이에게 넘겨서 엄마와 아이가 공동으로 하는 상당한 기간을 유지하여야 한다. '중학생이 되었으니 이제부터는 네가 알아서 결정해서 해라'라는 식으로 이루어지면 안 된다. 좋든 싫든 고등학교에 가면 주도권은 결국 아이에게 넘어가게 된다. 환경이라는 급격한 변화가 아니라 미리미리 자체 변화를 통해서 이끌어 내야 한다. 교육에서 급격한 변화는 모두 위험성으로 분류되기 때문이다.

수학에서 창의력을 강조하는 사람을 멀리하라

수학에서 창의력을 찾는 것은 사막에서 물을 찾으려는 것과 같다. 타는 목마름으로 물을 찾겠지만 사막에는 물이 없듯이 수학에는 창의력이 존재하지 않는다. 아이들이 배우는 수학의 어디에 창의력이 존재한다는 말인가? 수학에서 창의력이 필요하다고 말하는 사람을 도형 문제에서 뿐이다. 그런데 도형조차 창의적인 문제가 아니라 아이들이 배워야 하는 것들이었다. 가르치지 않고 저절로 알기를 바라는 마음은 이해하지만, 수학은 가르치지 않고 스스로 깨우칠 수 있는 것은 아무것도 없다.

수학은 '$A=B$다'라는 정의로 출발하는 학문이다. 이 말은 A가 C

나 D 등 다른 것이 될 수 있는 여지를 남겨 놓지 않는다. 이런 과목에서 창의력이라니! 그래서 수학은 창의력을 키워주는 과목이 아니라 오히려 말살하는 과목에 가깝다. 왜 많고 많은 과목 중 수학에서 창의력을 기르는 대상으로 보고 있는가? 사막은 물이 없어서 오히려 더 목이 마른 것이다. 사막에서 물을 찾을 것이 아니라 사막에서 벗어나야 물을 구할 수 있다. 백번 양보하여 만약 수학에서 창의력을 사용하려면 수학이라는 틀을 벗어나야만 창의력을 얻을 수 있을 것이다. 틀 내에서 자유로운 것을 창의력이라고 할 수 없다. 수학을 잘 모르는 사람이 주장하기도 하지만, 수학의 창의력을 강조하는 사람은 주로 수학자들이다.

사람은 항상 자신의 입장만 고수하는 습성이 있다. 수학자는 창의력이 필요하기 때문에 하는 말이다. 세상에 없는 단 하나만 발견하면 수학사에 길이길이 빛날 텐데, 단 하나를 발견하지 못하여 이름 없이 스러지며 끝내 고민 거듭하기 때문이다. 그래서 아인슈타인과 같은 사람도 창의력이 중요하다고 하는 것이다. 이런 말을 하는 사람들은 대체로 아이들을 가르쳐본 경험이 적어서 인생의 전반을 보고 하는 말이지, 아직 과정 중에 있는 아이에게 이것을 적용하기에는 무리다.

3차원에는 시간이라는 개념이 없다. 마찬가지로 수리과학이나 순수철학에도 시간이라는 개념이 없다. 학자들은 문제를 해결하는 것보다도 문제를 만드는 발상 자체가 중요한 사람이다. 또한 시험을 보지 않기에 어떤 문제를 해결하는 데, 3분이 걸렸는지 3시간이 걸렸는지 3년이 걸렸는지는 그렇게 중요하지 않다. 다만 그 문제를 해결하는 방식이 특별하였는가 아니면 일반적인 방법이었는지가 중요하다. 그러나 학생들이 해결해야 하는 문제는 3분이면 문제를 푼 것이고 30분이 걸렸다면 그 문제는 풀지 못한 것으로 간주해야 하는 것이 현실이다.

아무리 좋은 사고력을 갖추었다 해도 말이나 글을 사용하지 못한다면 그가 훌륭하다는 것을 알아 볼 수는 없다. 사고력, 집중력, 문제해결력 등을 모두 사용해서 빠른 시간 내에 풀어야 하는데, 그 도구가 수와 식의 연산인 연산력이라는 말이다. 엄마들에게 가장 위대한 발명은 세탁기라는 말이 있다. 세탁기라는 기계 덕분에 더 많은 기회와 시간을 얻었듯이, 계산에서 자유로운 아이로 만들어 주려면 계산연습을 하게 해야 한다.

학년별로 연산력을 키우는 특급 처방전

'무엇?'과 '왜?' 사이를 일치시켰다면 '어떻게?'라는 질문을 해야 한다. 초등수학에서 중요한 것이 연산력과 사고력이라는 것을 알았다면, 이제 '어떻게' 라는 문제가 남는다. 창의력이나 사고력을 다치지 않도록 하면서 어떻게 연산력을 길러야 하는지 알아야 한다.

여기에서 잠깐 초등수학 교과과정의 전반을 연산력을 중심으로 살펴보고 필자의 처방을 덧붙인다. 이 책에서 언급되지 않은 보다 자세한 내용은 필자의 책 『초등수학 만점공부법』을 참고하기 바란다.

1학년: 암산력

10의 보수 개념으로 덧셈의 기초를 먼저 완성하고 난 후 암산은 별도로 연습한다. 최종으로 덧셈과 뺄셈이 혼합되어 있으며 20 이하의 두 자리와 한 자리 수, 또는 한 자리수와 한 자리수가 섞여 있는 20문제를 50초 안에 풀 수 있어야 한다.

2학년: 필산력

필산력은 큰 자연수의 덧셈과 뺄셈에서 자릿수를 맞추어 계산하기 쉽도록 세로셈을 하는 것이다. 교과서에서는 중요하게 다루고 있으나 많이 할 필요가 없이 할 줄만 알면 되는데, 학교와 달리 받아올림은 쓰지 않도록 지도해야 한다. 만약 1학년에서 암산력이 완성이 안 되었다면 2학년까지 연장해야 한다. 암산력이 된 아이들은 세로셈을 어려워하지 않는다. 그보다는 2학년에서 구구단에 집중해야 한다. 처음에는 한단한단 바로 외우고 그 다음에는 거꾸로 외우기 시작한다. 다 되었다면 거꾸로를 한꺼번에 외우고 점차 시간을 줄여서 반드시 36초 안에 외우게 하라. 거기다가 몫창까지 해야 하는데 이것을 모두 하려면 1년은 걸릴 것이다.

3학년: 곱셈과 나눗셈

3학년은 원천적인 수학의 빠르기가 완성되는 시기다. 또 3학년까지는 머리발달 과정으로 볼 때 이유를 몰라도 암기가 되는 특별한 시기다. 이때 빠르기를 완성시키면 평생 수학이 빠르게 되고, 그렇지 않으면 이후의 수학은 모두 느리게 된다. 1학년 암산력과 2학년 구구단을 통해서 곱셈과 나눗셈을 빠르게 해야 한다. 두 자리 수와 한 자리 수의 곱, 두 자리 수와 한 자리 수의 나누기, 세 자리 수와 한 자리수의 나누기를 20문항에 1분 20초 안에 하면 빠르기가 완성된 것이다. 물론 곱셈에서는 받아올림 수를 쓰지 않고 나눗셈에서는 아래 식을 쓰지 않아야 하며, 그렇게 되면 약 3~4개 정도의 암산을 하게 된다.

4학년: 큰 자연수의 사칙계산

4학년은 두뇌발달상 논리가 자라는 시기다. 3학년까지는 암산이나 빠르기를 위주로 하였다면 4학년부터는 정확도 위주로 공부법을 바꾸어야 한다. 빠르기가 완성된 아이는 천천히 하라고 해서 절대 다른 아이들보다 느리지 않다. 3학년과 4학년 교과서는 무척 큰 자연수의 셈으로 되어 있기에 너무 많은 문제를 주어 힘을 빼지 않아야 한다. 오히려 교과 외적으로 규칙 찾기나 재미있는 문제 위주로 머리를 풀어 주는 것이 좋다.

5학년: 분수의 사칙계산

5학년은 분수를 하는 단계로 초등학교에서 가장 신경을 쓰고 해야 하는 학년이다. 자연수는 결국 빠르기의 문제만 남게 되지만, 분수를 못하면 아이가 앞으로 수학을 완전히 포기하기 때문이다. 빠르기를 해놓은 아이도 몸을 비트는데 느린 아이는 말해 무엇하겠는가? 그렇다고 분수가 어렵다는 것이 아니다. 분수의 덧셈을 알려주면 덧셈을 알고, 뺄셈을 알려주면

뺄셈을 알려주면 뺄셈을 안다. 이제 곱셈을 알려주면 곱셈은 아는데 다시 덧셈, 뺄셈을 잊어버리는 것이다.

분수의 사칙계산은 전혀 혼동 없이 할 수 있을 때까지 훈련을 해야 한다. 처음에는 교과서에서 가르치는 대로 이해해야겠지만 그 후에는 웬만한 것은 암산으로도 답이 나올 정도로 해야 한다. 분수의 셈을 암산으로 처리하면 약 4~5개 정도의 암산을 할 수 있게 된다.

6학년: 분수의 확장

6학년은 다양한 분수의 확장을 하는 학년으로 분수가 잘 되는 아이라면 6학년은 무척 쉬운 학년이 될 것이다. 만일 그렇지 않다면 아낌없이 분수 연습에 집중하라. 그래서 중학교로 올라가기 전에는 반드시 분수를 잡아야 한다. 6학년은 모두 분수의 확장이라고 하였는데, 문제는 마치 교과서가 새로운 것인 양 설명하고 있는 것이 문제다. 6학년에서 배우는 것을 모두 분수와 연관을 지으면 외울 것도 없고 이미 그 성질들을 분수에서 충분히 연습한 것들이라는 것이다.

1, 3, 5학년, 홀수 학년이 쉽지만 중요하다

학년별로 길러야 할 계산들을 간단히 보았는데 이중에 홀수 학년인 1, 3, 5학년이 중요하다. 수학 과목의 구성은 각 홀수 학년에서 배운 것을 짝수 학년에서 확장하는 형태로 되어있다. 홀수 학년은 중요하지만 쉽다. 바로 쉽기 때문에 아이가 풀기만 하면 되는 줄로 착각하여 넘어갔다가 꼬이기 시작하는 것이다. 홀수 학년에서 충실히 하지 않아도 다음 학년은 그럭저럭 문제 없이 넘어간다. 그러나 다시 한 번 더 확장하게 되었을 때, 부족부분이 아주 심하면 2~3년 내에 수학을 포기하게 만드는 구조다. 악은 항상 짝지어 온다.

이 말을 제대로 이해했다면 초등 6년이라는 기간 동안 진짜로 집중하여 연산력을 길러야 하는 학년을 1, 3, 5학년의 3년간이라는 것을 알 수 있을 것이다. 설마 이 정도도 투자를 안 하면서 연산력을 기르려는 것을 아닐 것이다. 제 때 3년간의 연산력 훈련을 등한시하면 나중에 보충할 기회는 오지 않는다.

빠르기를 훈련하는 이유는 고1이 요구하기 때문이다

빠르기에 대하여 초 단위 시간까지 정하여 말하는 것은 필자가 오랫동안 실험한 결과이니 꼭 지켜야 한다. 대충 적당하게 비슷하거나 그냥 느낌에 빠르다고 판단하는 것은 착오를 일으킬 수 있다. 적당히 하면 되지 꼭 그렇게까지 빠르기를 해야 하느냐라는 학부모들이 많다. 혹시 알았다고 해놓고 옆길로 샐까 봐 그 이유를 설명해야 할 것 같다.

수학의 끝이 초등학교라면 빠르기까지 할 필요는 없다. 그러나 아이가 중·고등학교로 가면서 수학이 요구하는 빠르기가 문제가 된다. 중1까지는 별다를 바가 없는데, 중2의 연립방정식에서 4~5개의 암산을 요구하고, 중3의 이차방정식은 5~6개의 암산을 요구한다. 최종으로 고1에서는 10개 이상의 암산을 요구한다. 아무리 많다고 해도 그래도 차곡차곡 쓰면 되지 않겠느냐는 부모도 만났는데, 지금까지 그런 학생을 한 번도 만나보지 못해서 단정하지 못하겠지만 아마도 시간부족에 걸릴 것이다.

연산력이 부족한 대부분의 학생은 차곡차곡 쓰다가 많아서 결국 시간은 시간대로 지나고 마지막에 암산하다 틀리는 것을 본다. 고1에서는 한 시간에 20~30문제를 푸는 아이가 있는 반면, 한 시간에 3~4문제도 못 푸는 아이가 있을 정도로 빠르기의 차이가 크다. 느린 아이가 하루 종일 풀어도 잘하는 아이의 한 시간 분량도 안 되는 경우가 많다. 게다가 누가 더 오답률이 높을까? 예상했겠지만 느린 아이다. 느리고 오답이 많으면 아무리 의지가 높아도 감당하기 어렵다. 또 아이가 앞으로 계속 문제를 풀어갈 텐데 연산력의 증강도 함께 이루어질 것이 아니냐 하는 질문이 있었다. 연산력이 계속 증강될 것이라면 강조하지도 않았다.

수학의 원천적인 빠르기는 초등 3학년에서 끝나고 더 이상 빠르기는 이루어지지 않는다. 다만 분수의 연산이나 수식에서 기술적인 방법으로 일부 빠르기를 해줄 수는 있지만 역시 한계가 있다. 모르긴 몰라도 학부모들의 현재 연산력의 빠르기도 그 옛날 초등 3학년에서 결정되었을 것이다. 그런데 앞서 말한 것처럼 교과과정은 빠르기라는 것이 완전히 빠져있으며 오히려 빠르기를 죽이고 있다. 결국 수학은 정확도와 빠르기를 요구하는데 수학교과서와 이를 가르치는 선생님이 정확도 위주로 가르친다. 그래서 학부모들 역시 점수, 즉 정확도만 문제 삼는다.

세로셈에서 받아올림 1도 적어야 한다고 강제하고 곱하기나 나누기도 모두 올림수나 아래식을 쓰라고 강요한다. 더하기 1도 암산을 못하게 막고 계속해서 2~3개의 암산을 막는 것이다.

분수에서도 알고리즘대로 풀라고 강요하기에 많은 문제를 빠르게 연습하지 못하며, 4~5개의 암산을 할 수 있는 기회를 앗아간다. 그러다가 중학교에서 갑자기 5~6개의 암산을 요구하면 학생들보고 어쩌라는 것인가? 알고리즘대로 모든 학생들을 지도하는 것은 선생님에게는 일관성과 편리성을 주어 못하는 학생에게는 의미가 있겠지만, 잘하는 학생은 오히려 끌어 내리는 결과를 가져온다. 초·중 수학의 모든 목표는 고1이다. 초등학교의 빠르기와 분수, 중학교의 수식도 모두 고1에서 필요로 하는 것을 목표로 해야지 이리저리 휘둘리면 죽도 밥도 안 된다.

연산력 훈련을 위한 반복의 원칙

연산력이든 사고력이든 처음의 작은 차이가 나중에 큰 차이로 갈린다. 그래서 초등학교에서 얼마나 튼튼히 했느냐는 중·고등학교의 많은 것에 영향을 미친다. 연산력을 기르기 위해서는 반복이 필수인데 다행히 아이들은 반복을 좋아한다. 싫다고 하는 경우도 있지만 엄마의 생각이 반영된 것이다. 아이들이 싫어하는 것은 강요된 공부지 반복을 싫어하는 것이 아니다. 필자는 연산력 문제를 짧은 시간 내에 풀리고, 나머지는 대화를 통해서 연산력과 관련되지만 문제로 해결할 수없는 것들을 묻는다. 그러면 아이들이 아주 재미있어 하고 계속 문제를 내달라고 매달린다. 사실은 같은 문제를 지난주에도 한 것이기에 쉽기 때문이다. 거기다가 잘한다고 생각하면 도전의식을 불러일으키기 때문이다. 반복이 나쁘거나 싫다는 선입견을 버리고 어떻게 하면 재미있는 반복을 시킬 수 있을까를 고민해야 한다.

연산력 훈련을 하려면 가장 먼저 교재가 있어야 하고 1일 학습량과 일주일에 시켜야 할 횟수를 결정해야 한다. 도움이 되도록 필자가 가지고 있는 생각을 몇 가지 제안하니 취사선택하기 바란다. 교재는 엄마가 만들어 짜깁기를 해도 좋고 서점에서 파는 것을 사용하여도 좋다. 다만 서점 교재의 수준이 너무 큰 수로 가기 때문에 모두 따라하는 것은 좋지 않다.

학습지에는 연산력 학습지와 교과서 과정에 충실했다는 학습지가 있는데, 필자에게는 어느 것도 마음에 들지 않는다. 그래도 둘 중에 하나를 고른다면 연산력 학습지를 골라야 한다. 그러나 연산력 학습지는 홀수 학년에는 괜찮은데, 짝수 학년에서 너무 큰 수의 연산력에 편중되어 있다. 학습지 선생님과 이런 이야기를 충분히 전달하여 효과적인 수업이 되도록 해야 할 것이다.

일주일에 몇 번 훈련을 해야 하는가에 대한 실험을 한 적이 있었다. 건강 전문가는 일주일에 세 번, 30분간의 격렬한 운동을 주기적으로 해야 한다고 말한다. 운동과 수학은 유사하다고 생각한 필자는 이를 바탕으로 실험해보았다. 대상이 어른이 아니고 아이인 만큼 같은 학습량을 분산하여 주 3회에서 7회로 실험해보니, 결론적으로 가장 좋은 것은 주 5~6회였다. 주 3회나 4회는 일부 장점이 보이기는 했으나 습관을 잡기가 어려워 더 밀리는 일이 발생했고, 7회는 오히려 학습효과가 떨어졌다.

실험의 표본이 적어서인지 5회와 6회의 차이는 정확하게 구분되지 않았다. 정확한 것은 아니지만 5~6회를 하면 될 것인데 이왕이면 적게 하는 5회가 낫지 않을까 생각한다. 분량은 다소 적은 듯이 보이는 2~3장이 적당해 보인다. 이제 연산력 훈련의 원칙을 몇 가지 언급해본다.

첫째, 필요한 것을 해야 한다. 계산이라고해서 아무거나 계산하면 되는 것이 아니다.

1, 3, 5학년처럼 쉽고 중요한 것은 완벽하도록 반복하고 확장은 보다 가볍게 하는 강약 조절이 핵심이다. 많은 사람들이 공부를 거꾸로 하고 있다. 쉬울 때는 쉽다고 넘어가고 어려우면 틀렸다고 반복하여 아이를 더욱 힘들게 한다. 쉬운 문제를 더 많이 반복하여 어려운 문제를 어렵지 않도록 느끼게 해주어야 한다.

둘째, 단계가 급격하지 않은 부드러운 반복이어야 하고 스트레스가 없어야 한다.

너무 많거나 어려우면 매일 하기 어렵다. 아이들이 학습지를 멀리하는 가장 큰 이유는 어렵기 때문이다. 이때 엄마가 '어렵냐?'고 물어보면, 가장 인정받고 싶은 엄마에게 실력을 무시당하고 싶지 않아서 어렵지는 않으나 시간이 없었다고 둘러댄다. 그래서 문제점이 노출이 안 된다. 어렵냐고 묻지 말고 푸는 것을 보고 판단하기 바란다.

셋째, 속도에 변화가 있어야 한다.

필자는 아이가 학습지를 다했다 해도 한꺼번에 했는지 매일 풀었는지 묻지 않아도 알 수 있다. 일주일에 한 번씩 보기에 오히려 미세하지만 속도의 변화가 보이기 때문이다. 그러나 매일 보는 엄마는 변화를 알아채기 어렵다. 따라서 직접 시간을 재어보는 수밖에 없다. 그러나 시간을 재는 것은 1학년의 암산력과 3학년의 빠르기만 점검하고, 나머지는 하지 않는 것이 더 좋다.

넷째, 지속성이 있어야 한다.

몇 년 전이지만 가르치던 초등학생 아이의 엄마가 "이제 수학은 잘하게 되었으니 그만하고 영어에 집중하겠다."라는 말을 하여 황당했던 경험이 있다. 필자가 가르치는 경우는 다르지만 많은 학부모들이 아이가 중학교에 가면, 학습지도 끊고 학원을 보내는 경우가 많다. 그런데 학원의 목적상 연산력 훈련을 시키기는 어렵다. 중학교에서는 초등학교에 비해서 개념의 중요성이 보다 강조되지만 중학교에도 여전히 연산력 훈련이 필요하다. 초등학교가 수에 대한 계산이었다면 중학교는 주로 식에 대한 계산훈련이다.

공부의 양을 엄마와 아이가 논의해서 조정하라

많은 집에서 아이와 부모의 의견이 갈린다. 아이는 피아노나 태권도 학원과 보습학원을 다니기 때문에 수학, 영어 등의 학습지와 날마다 국어, 사회, 과학 등을 하느라고 너무너무 힘들다고 하소연 한다. 거기에 대해서 부모는 태권도도 먼저 다니겠다고 했고 학습지를 끊자고 해도 싫다고 하고 국어, 사회, 과학 등은 2쪽씩이라서 하루에 열심히 하면 다해서 30분 거리도 안 되는데, 아이가 꾸물거려서 오래 걸리는 것이라고 한다. 개관적으로 누구의 말이 더 타당성이 있는지는 중요하지 않다. 또 아이와 입씨름을 해서 이겼다고 생각하는 것은 허망하다. 상대방의 마음이 내 쪽에서 멀어져 나갈 수도 있으니 말이다.

중요한 것은 아이가 공부를 해야 하는 당사자라는 것이고 당사자가 공부를 대충하려고 마음먹으면 성적을 위해서 올바른 자세를 버리는 것과 같다. 엄마와 아이의 다른 의견에 대해서 필자는 수학은 매일하고, 나머지 과목은 하루에 한 과목씩 하되 한 과목의 분량을 늘리는 것으로 조정하고 합의하도록 한다. 그러면 아이는 여러 과목이라는 부담을 덜고 부모는 같은 공부의 분량이라서 만족한다. 그런데 이 방법이 훨씬 더 공부에 효과적이니 여러 과목을 풀리는 집은 바꾸기 바란다.

이것저것 얘기해서 정신이 없을지도 모르니 정리해보자!

첫째, 사고력을 손상당하지 않는 범위 내에서 반드시 연산력을 길러야 한다.

둘째, 연산력 훈련은 일주일에 5~6일을 하되 부담이 없도록 하라.

셋째, 연산력의 기준은 3학년까지는 정확도가 아니라 빠르기며, 4학년 이후는 정확도로 기준을 바꾸어라.

넷째, 반드시 분수의 사칙계산을 혼동하지 않고 나올 수 있도록 하라.

다섯째, 개념을 잡아라. +, -, ×, ÷, ( ), =, >, < 등 기호의 정확하게 알려주는 것은 물론이고 이를 문장제에서 사용할 수 있는 상태로 만들어라. 추가하여 분수의 성질, 등식의 성질을 최대한 정확하게 잡아주어라.

여섯째, 공부의 분량은 아이와 반드시 조정하고 합의하라.

5

수학은 사고력을 통해 집중력과 문제해결력을 키우는 것이 목표다

여러분은 연산력, 개념, 사고력, 창의력 중에 아이에게 무엇을 가장 길러주고 싶은가? 아마 많은 학부모가 '창의력은 길러준다기보다는 그냥 아이에게 있었으면 좋겠다. 그리고 개념은 사고력이 있으면 자동으로 해결되지 않을까?'라는 생각을 할 것이다. 그래서 만약 이들 중에서 하나만 꼽으라면 대부분 사고력을 지목한다. 맞다. 수학의 목표는 사고력을 통하여 집중력과 문제해결력을 키우는 과목이다.

필자가 연산력을 강조했지만 그것은 수단이고 많은 사람들이 말하는 것처럼 장기적으로 사고력을 기르려는 것이 목표다. 그런데 사고력을 강조하는 사람조차 어떻게 하면 사고력을 기르는지에 대해서는 관심이 없고 그냥 문제만 주면서 아이에게 무조건 생각을 하란다. 이 글을 쓰는 바로 어제, 가르치는 아이가 간단한 계산문제를 앞에 두고 가만히 있어서 무엇하고 있냐고 다그쳤다. 그랬더니 '생각 중'이란다. 계산의 원리를 배우고 있을 때도 아니고 계산에서 생각할 것이 무엇이 있냐니까 비로소 하는 말이 '멍 때렸다'고 한다. 어른들이 생각한다고 하면 그래도 기다려주는 것을 아이는 알고 있는 것이다.

개념과 개념을 이어주는 논리

문제를 놓고 아이가 무언가를 생각하려면 발판이 되는 처음의 무엇이 있어야 한다. 그 처음의 무엇이 바로 개념이다. 사실 초등문제의 대부분은 개념이 한두 개만 사용된 것이어서 논리라고 할 것까지도 없다. 초등학교에서 배워야 하는 중요한 개념의 종류도 +, −, ×, ÷, ( ), =, >, < 등 몇 개 되지도 않는다. 게다가 이것을 6년이나 배우니 별도로 정확하게 알려주지 않아도 저절로 들어갈 것으로 생각하는 사람이 많다. 그러나 이런 기호의 의미는 스스로는 깨우칠 수 없고 가르치지 않으면 절대 저절로 들어가지 않는다. 이 기호는 모두 천재가 만들었으며 동시대의 다른 천재들은 만들지 못한 것이기도 하다.

보통 그렇듯이 문제만 풀면 유형에만 익숙할 뿐, 영재가 아닌 이상 문제들로부터 공통인 성질을 추출하여 개념을 만들어낼 수는 없다. 유형에만 익숙해졌으니 학부모도 '어디서 본 것 같은데 한 번 찾아봐라'라고 하거나, 왜 틀렸는지 시간을 주면서 생각해보라는 데까지 밖에 할 수 없다. 유형을 반복하여 기억한다면 그래도 풀겠지만, 아이의 머리에 개념이 없다면 어떤 생각도 전개시키지 못한다. 수학은 이해가 다가 아니며 만약 글을 이해하지 못한다면, 그것은 수학이 아니라 국어의 문제다. 대부분의 아이들이 글을 읽고 무슨 뜻인지를 모르는 것이 아니다.

많은 선생님들이 아이에게 문제를 잘 읽고 이해하고 잘 안되면 끊어 읽기 등을 통해서 반드시 문제가 원하는 것을 알아야 한다고 말한다. 그런데도 아이들이 문제를 잘 읽지 않거나 분석하지 않는 이유는 한번 해보아서 이해를 했는데, 그래도 여전히 모르겠더란 경험이 있기 때문이다. 가르치는 순서가 틀렸다. 문제를 통해서 개념을 얻는 것이 아니라 개념을 먼저 얻고 다시 문제를 통해서 개념을 튼튼히 하여야 하는 것이다.

필자가 최초로 개념만을 묶어서 『중학수학 만점공부법』, 『초등수학 만점공부법』이라는 책을 냈다. 그런데 독자들의 반응은 부모들도 보기 어려우니 아이들이 보기에는 한 마디로 어렵다는 것이다. 어려운 것은 아직 필자의 내공이 부족한 탓이 크지만 부족한 실력으로 개념을 깊이 있게 하려고 해서다. 개념을 대충 보면 가르치지 않아도 될 것 같은 생각이들 정도로 상식에 가깝다. 그러나 파고들면 그 안에는 무궁무진한 세계가 존재한다. 그래서 몇 개 되지 않은 개념으로 6년간 수천 종류의 문제가 만들어졌으며, 또 계속해서 문제가 만들어지는 것이다. 필자의 개념을 다룬 책들은 쉽게 푸는 기술을 다룬 다른 책들처럼 한번 읽어보고 치우는 책이 아니다.

하나의 개념을 알려주기 위해 필자가 아이들을 가르치는 기간은 거의 일주일에 한 번씩 6개월에 가깝다. 게다가 6개월을 물어보았으면 튼튼할 것 같지만, 유통기한은 거의 1년밖에 되지 않아서 다시 1년 후에는 상기시켜 주어야 한다. 그렇게 오래 걸리냐고 하겠지만 알다시피 몇 개 되지 않으면서 기간은 초등 6년간이나 되니, 마음을 급하게만 먹지 않는다면 충분한 시간이다. 각각의 개념을 튼튼히 잡으면 비로소 문제를 잘 읽고 어떤 개념이 사용되었는지 알아내라고 할 수 있게 된다. 각각의 개념을 알았다 해도 문제에서 개념과 개념이 연결되면 전혀 새롭게 보이기 때문이다.

그러나 문제가 요구하는 각 개념들이 머리에 있다면 이제 생각하기를 요구하라. 그러나 항상 확인하는 습관을 가져야 한다. 답이 맞았다 해도 아이에게 물어서 답이 나오기까지의 설명을 들어야 한다. 이때는 답을 맞추었느냐보다 설사 틀렸다 해도 문제를 푸는 과정 자체가 중요하다. 아이가 푼 모든 문제를 아이에게 설명하게 하는 것이 현실적으로 어렵다는 것은 맞다. 그러나 적어도 새로운 유형이 나온다면 설사 맞았다 해도 아이의 생각을 들어보아야 한다. 문제해결 방법이 올바른지 아니면 다른 방법은 또 없는지 같이 생각해보고,

아니면 새로운 방법을 가르치는 사람이 제시하는 것만으로도 효과를 볼 수 있다.

아이가 문제를 틀렸을 때도 마찬가지다. 많은 사람들이 틀린 문제를 새롭게 풀라고 하고 그래도 틀리면 자세하게 설명해주는 방법을 반복한다. 그런데 이런 방법은 그 효과가 어떨지 모르겠다. 가장 효과가 높은 교육은 아이의 생각을 따라가면서 논리의 오류가 되는 부분을 교정하는 것이다. 따라서 가장 먼저 아이에게 답이 맞았든 틀렸든지 간에 자신이 푼 과정에 대한 설명을 하게 해야 한다. 물론 많은 아이들이 자신이 푼 문제 풀이과정을 잘 설명하지 못한다. 설명을 유도해보고 이때 아이가 말하지 못하면, 가르치는 사람이 아이가 생각할 수 있는 변수를 고려해서 역으로 '이렇게 생각하지 않았니?' 라고 되물어도 된다.

필자가 아이를 지도하는 방법은 틀린 문제뿐만 아니라, 맞은 문제도 아이의 논리가 궁금해지면 어떤 생각이나 방법으로 풀었는지 물어보곤 한다. 그런데 단지 물어보았을 뿐인데도 맞은 문제도 잘못 풀었거나 틀렸다는 말인 줄로 알고 지우려고만 한다. 맞은 문제풀이든 틀린 문제풀이든 지워서는 안 된다. 어떻게 해서든 오류가 된 바로 그 부분을 교정해주어야만 틀린 문제를 새롭게 풀어야 하는 때는, 앞서 생각한 문제 풀이 방법이 잘못되었다는 결론에 이르렀을 때에만 해야 한다. 사고가 커지거나 확장을 하려면 생각의 흐름이라고 할 수 있는 논리를 강화해야 한다. 논리에서 오류를 잡아야 오답을 잡을 수 있고, 논리를 튼튼히 해야만 논리와 논리 사이에 이루어지는 비약을 감당하게 된다.

사고력을 기르는 것은 장기과제다

어린 시절 봄소풍이나 가을운동회를 회상하는 데 몇 초가 걸린다는 말은 들어본 적도 없다. 단편적인 생각밖에 없는 아이에게 무조건 길게 생각하란다고 해서 사고력이 길러지는 것은 아니다. 우선 연산력도 길러야 하고 각각의 개념을 튼튼히 한다. 그 다음 아이의 생각의 다리가 되는 개념과 개념을 징검다리를 건너듯이 밟고 지나가야만, 무언가 생각의 흐름으로 연결되어 집중력도 생기게 된다.

이 방법은 수학적으로 접근하는 방법이다. 그런데 사고력이나 집중력이라는 것이 꼭 수학으로만 잡아야 하는 것도, 당장 잡아주어야 하는 것도 아니라고 생각한다. 수학의 사고력이나 문제해결력이 목표고 장기과제지 당장 잡지 못하면 큰 일이 나는 것도 아니다. 사고력과 점수에 급급하여 유형별 문제에만 집착하다가, 결국 중학생의 절반이 기본이랄 수 있는 분수셈도 하지 못하여 포기한다고 하였다. 아이가 연산은 별거 아니라고 치부할 만큼 자신감도 길러주고 개념도 하나하나 잡아가면서, 아이가 하고 싶은 것을 해주어도 집중력을 길러갈 수 있다.

한 판에 300개의 돌을 한 개 한 개 놓으면서 생각해야하는 바둑도 좋고, 몇 시간 동안 그림을 그리거나, 악기를 오랫동안 하는 것이라면 무엇이든 집중력에 도움이 된다. 컴퓨터 게임도 평일에는 짧은 시간 밖에 할 수 없으니 아예 주중에는 금지하고 차라리 주말로 몰아서 몇 시간이고 연속으로 할 수 있게 해준다. 아이가 컴퓨터 게임은 시간을 잊고 몇 시간이고 계속 할 수 있다고 하는 학부모가 많은데, 진짜 집중력이 적은 아이는 컴퓨터 게임도 오래 할 수 없다.

집중력을 길러 놓으면 없어지는 것이 아니다. 때문에 나중에 아이가 공부하려고 마음을 먹으면 언제든 가져다 쓰게 된다. 언제 그런 날이 오겠냐고? 초·중학교는 대부분의 아이가 공부에 뜻을 두지 않아 대충하는 경향이 많지만, 고등학교에 들어가면 아이가 달라진다. 그렇게 안하려던 공부를 대학에 뜻을 두면서 하려고 하는 것이다. 아이가 공부하려고 할 때, 할 수 있음과 없음은 이전의 준비된 상태에 따라 갈린다. 하려고 할 때 할 수 있도록 미리미리 준비해주는 것, 거기까지가 부모로서 할 수 있는 것이라고 생각한다.

6

초·중학교에서 수학을 포기했다면 그것은 부모의 책임이다

통계에 의하면 초·중학생의 공부는 아이의 성별, 부모의 학력, 사교육 정도, 대화 정도 등에 따라 달라지고, 고등학생은 태도와 목표의식이 미치는 영향이 크다는 보여준다. 필자는 본의 아니게 여러 집의 대소사나 가정 내의 자녀에 대한 부모의 태도들을 보는데, 이런 통계가 틀리지 않음을 눈으로 확인한다. 특히 부모와 아이가 서로 신뢰하고 많은 대화를 나누는 집은 아이의 '학업효능감(학습을 성공적으로 수행할 수 있다는 자신감)'이 높다. 이런 아이들이 고등학교에 진학하면 목표의식과 올바른 태도를 통하여 좋은 결과를 가져오는 것을 본다.

필자가 본, 공부를 잘하는 집의 공통점을 열거해보겠다. 공부란

이 조건들 중에 한두 가지만 충족되면 되는 것이 아니라, 거의 모두를 충족해야만 하는 종합예술인 것 같다.

첫째, 정직, 성실, 가족 간의 신뢰, 배려 등 전통적인 것에 가치를 둔다.

전통적인 가치보다는 영악함을 가르치는 부모가 많은데, 자기 발등 찍는 결과를 가져올 수 있다. 훌륭한 사람은 좋은 습관이 많은 사람이다. 그런데 똑같이 정직, 성실 등을 중요하게 생각하는 집이더라도 어느 집에 가면 잘해주는데도 불편하고, 어느 집은 주는 것 없이 편한 집이 있다. 아마도 중요하게 생각하는 것이라 할지라도 강요하지 않는 자연스러움과 같은 마법을 그 집 엄마가 부리기라도 하는 모양이다. 편하게 느끼는 집의 아이들은 밝고 평상시 대화가 많아서인지 수업도 부드럽고 알차진다.

둘째, 공부가 중요하다는 분위기다.

공부가 중요한 것이 아니라고 생각하는 부모의 자녀가 공부를 잘하는 것을 본 적이 없다. 또한 절대 공부를 다른 중요한 것들과 비교하지 않는다. 예를 들어 '정직하지도 못하면서 공부만 잘하면 무엇하니?'와 같은 말을 하지 않는다. 엄마의 가치관에 공부보다 다 큰 가치가 있겠지만 그래도 꼭 공부와 비교할 필요는 없을 것이다.

셋째, 공부는 갖추어진 만큼 된다는 생각을 가진다.

수학은 인풋과 아웃풋이 시간의 차이는 있지만 비교적 정확하며, 다른 어떤 과목보다 유전적인 영향이 적은 학문이다. 문제집을 풀리고 학원을 보내도 성적이 시원치 않으면, 혹시 부모가 수학을 못하니 아이도 못하는 것이 아닐까 생각하는 경우도 있다. 수학에서 필요로 하는 것을 제때 가르치지 못한 탓이지 부모나 아이의 머리와는 상관없는 일이다. 사람이 무언가를 하지 못하게 되는 때는 오로지 한계를 자신의 머리에 그을 때뿐이다. 필요한 것을 기르면 수학은 잘할 수 있는 과목이라는 믿음을 부모 자신에게는 물론 아이에게도 전해주어야 한다. 성공은 수고의 대가다.

넷째, 아이에게 끊임없는 신뢰를 보낸다.

성공하는 사람들의 공통점 중에는 그것이 꼭 부모인 것은 아니었지만, 반드시 주변 현실과는 상관없이 무한한 신뢰를 보여준 사람이 있었다는 것이다. 요즘처럼 핵가족 시대에 지속적이며 무한한 신뢰를 보여줄 수 있는 사람을 찾기란 쉽지 않다. 그래서 이 역할도 부모의 몫으로 돌아온다. 가까이 있는 사람일수록 장점보다 단점이 잘 보이게 되어 더욱 쉽지 않은 일이다. 그런데 신뢰는커녕 아이가 사춘기에 접어들면서 집집마다 난리다.

초·중학교는 과정이 중요하고, 고등학교는 결과가 중요하다

간혹 사교육의 흔적이 없는 아이들을 가르치는 경우가 있다. 학원을 보내지도 않고 학습지는커녕 문제집 한 권 없이 골목에서 신나게 놀기만 한 아이들이다. 그런데 참 이상하다. 이 아이들을 가르치다 보면 사람의 머리가 원래 이렇게 좋은가 싶을 정도로 스펀지처럼 빨아들이기 때문이다. 엄청난 학습성취도를 보이며 일부는 전교 상위권까지 간다. 그러나 대부분은 중간에 포기하는 경우가 많다. 왜 그럴까? 그것은 공부가 그 아이에게 2~3년은 재미있었지만 그 이후에는 재미가 없어진 것이다. 아이를 설득하다가 실패하면 안타까워서 부모도 설득해보지만, 부모는 아이가 싫다는 것을 억지로 시킬 수는 없으며, 자기 공부는 자기가 알아서 하는 것이라는 의견을 굽히지 않는다. 그리고 먼 훗날 중·고등학교에서 아이이게 과외를 시켰지만 효과가 없었다는 말만 주변의 사람들을 통해서 전해 듣게 된다.

잘 놀면 머리가 좋아지기까지는 하지만 인내심까지 길러주지는 못하는 것 같다. 간혹 위와 같지는 않지만 주변을 보면 사교육에 몰입하여 점수에 연연하는 다른 학부모를 경멸하며 자신은 소신을 지킨다고 하다가, 나중에 중학교에 가서 후회하는 사람을 만난다. 교육에 열성적인 주변 사람들에 대한 반동으로 해주어야 할 것을 제대로 갖추게 하지 못한 결과다. 사교육에도 장점은 있다. 무조건 거부하기

보다는 아이에게 필요로 하는 것을 잘 파악해서 장점은 받아들여야 할 것이다.

공부란 잠깐 반짝하고 마는 것이 아니라서 최소한 초등학교에서 필요로 하는 것을 꾸준히 기를 수 있도록 부모가 도와야 한다. 위에서 언급한 아이는 자신의 공부를 스스로 선택한 경우라서 그 결과도 자신이 감당해야 하지만, 요즘에 이런 아이는 드물다. 비록 아이와 형식적으로 상의했어도, 결국 부모가 골라 준 교육이나 아니면 부모가 고른 교육 중에 선택한 경우가 대부분이다. 즉 아이는 교육을 선택한 적이 없다. 우리가 자기 방법을 강요할 때는 결과에 책임을 져야 한다. 선택한 적이 없는 아이에게 결과만을 추궁할 수는 없다.

초등학교에서는 시험 결과에 연연해하기보다 열심히 해서 얻은 결과에 보다 가치를 두어야 하며, 이런 마음이라면 초등학교에서 필요한 것을 길러갈 힘도 얻게 된다. 그래서 말 잘 듣는 초등학생에게 초등학교에서 갖추어야 할 것을 얻지 못하게 한 것은 부모에게 전적으로 책임이 있다. 중학교는 학원에 다니든 안 다니든 다닌다면 어느 학원을 다닐 것인지에 대해 아이의 의견도 포함되므로, 중학교는 부모에게 절반의 책임이 있다. 그 다음 고등학교에서는 부모가 어떤 선택권도 갖지 못하므로 공부의 결과에 대한 책임은 모두 아이에게 있다. 이런 이야기들을 아이와 함께 터놓고 대화해야 한다. 어릴수록 과정이 중요하지만 어른이 된다는 것은 점차 결과에 책임을 져야 성숙한 어른이라고 할 수 있다.

7

중학교 대비, 분수와 연산기호의 의미를 정리하라

초등학교 수학 교과서의 최대 약점은 빠르기를 원천적으로 무시한다는 것이다. 그 밖의 약점으로는 첫째, 중요한 것에 더 많은 분량이 되어 있는 것이 아니라 쉬우면 얼른 넘어간다는 것이다. 둘째, 기초나 중간단계의 연습이 적고 큰 수로 가거나 부모가 풀기도 어려울 정도로 지나치게 확장 위주로 되어 있는 것이다. 셋째, 가르치지 않은 것을 문제로 낸다. 특히 연산기호나 등호 등을 가르치지 않고 기본적인 상식으로 넘어가며 어려운 문장제 문제를 내는 것 등이다.

사교육의 임무는 공교육에서 못다 가르쳤다거나 부족한 것을 보완하는 역할을 해야 한다고 생각한다. 그러나 현실은 공교육과 똑같은 교육방법을 시행한다는 것이다. 오히려 공교육보다 개념을 잡아주지 않으면서 더 어려운 문제들을 유형별로 가르쳐서 시험만 잘 보게 하려 한다. 결국 앞으로 아이에게 필요하며 기본이 되는 것들을 잡지 못하고 중학교에 입학하는 일이 벌어지게 된다.

3학년까지는 자연수의 빠른 연산력, 4학년까지는 +, −, ×, ÷, ( ), =, >, < 등 기호의 의미를 기본으로 잡고 있어야 한다. 그리고 5학년은 약수와 배수를 기초로 분수의 사칙계산에 1년을 꼬박 투자해야 한다. 수학에서 수는 따지고 보면 자연수와 분수 밖에 없다. 자연수가 어려운 경우는 큰 수로 갈 때인데, 중·고등학교 수학에서 큰 수는 거의 나오지 않는다. 그래서 나중에 자연수는 빠르기만 문제가 되며, 중학교 수학을 좌우하는 것도 아이들이 어려워하는 것도 분수가 될 것이다.

분수는 중1에서는 많이 나오지 않아서 간과하기 쉽다. 그러나 중2부터 점차 많이 나오기 시작하여 중3에서는 분수의 연산을 충실히 하지 않은 학생은, 모두 수학을 포기하게 된다. 6학년은 분수가 잘된 아이에게는 쉬운 학년이지만 그렇지 않다면 어려워한다. 만약 아이가 어려워한다면 분수가 잘 안 된다는 신호로 인식하고 분수 강화에 힘써야 한다.

중학교 입학을 앞두고 많은 학부모들이 무엇을 준비해야 하느냐를 물어보는 경우가 많다. 기본을 잘 길러왔다면 다음 10가지를 확인하여 부족한 것을 가려서 채워주도록 하자.

첫째, 분수의 성질을 정리하라.

'분수의 성질'이라는 말은 필자가 만든 말로 한 마디로 배분과 약분인데, 교과서에는 약분이라는 용어만 사용한다. 분수의 성질이란 '한 분수에서 분모와 분자에 0이 아닌 같은 수를 곱하거나 나누어도 크기는 같다'라는 것이다. 필자가 가르치는 아이에게 이것을 외우게 시키고 분수의 문제들을 풀면서 확인케 한다. 분수의 성질은 비록 단순해 보이지만 분수의 사칙계산 원리를 모두 담고 있다. 또 중·고등학교에서 복잡해 보이는 분수식에서 많이 쓰이며 많은 오답의 원인이 되는 개념이다.

둘째, 분수의 사칙계산을 자유자재로 할 수 있게 하라.

분수의 사칙계산은 30분에서 1시간이면 이해시키고 그 자리에서 풀게 할 수도 있다. 수학은 이해가 문제가 되는 것이 아니다. 혹시 이해도 못 시키면 가르치는 사람의 자질을 의심해보라. 1시간 거리도 아닌 것을 1년 넘게 연습해야 하는 것은 단순히 사칙계산만 위한 것이 아니다. 연습으로 사칙계산은 물론 최대공약수와 최소공배수가 직관적으로 나올 수 있으며, 수의 감각이 많이 자라기 때문이다. 교과서에서는 거의 2년 반 가까이 분수를 다루는데 아이들이 수 감각은 고사하고 분수의 사칙계산을 하지 못하는 아이가 절반이 넘는다. 앞서 말한 것처럼 분수의 사칙계산을 하지 못하면 중학수학은 포기하게 되니, 중학교로 올라가기 전에 가장 중요하게 확인해야 한다.

셋째, 비와 비율을 모두 수로 바꾸어라.

백분율이나 할푼리를 분수나 소수로 바꾸는 것에서 오답을 보이는 것은 주로 기준이라는 것을 가르치지 않았기 때문이다. 그런데 백분율이나 할푼리를 분수나 소수로 바꿀 줄 알면서도, 아이들이 백분율이나 할푼리만 나오면 괜히 주눅이 드는 것을 많이 봤다. 그것은 백분율이나 할푼리가 수가 아니라서 수로 바꿔야 한다는 것을 배우지 못했기 때문이다. 수학에서 수는 자연수, 분수, 소수, 정수, 유리수, 무리수, 실수 등 모두 '수'로 끝나며 이들 수만이 계산할 수 있다. 문제에서 아무 말이 없더라도 백분율이나 할푼리는 수가 아니니 당연히 수로 바꾸어야 계산이 가능한 상태가 된다. 이때 자신감 있도록 해주지 않으면 중·고등학교에서도 피하는 문제가 된다.

넷째, 방정식을 등식의 성질로 푸는 연습을 충분히 하라.

일차방정식이나 이차방정식, 고차방정식 등 모든 방정식은 등식의 성질로 푸는 것이 가장 기본이다. 수학에서 가장 중요한 기호를 꼽으라면 등호(=)이며, 등식의 성질은 길어지는 식을 감당하는 매개 역할을 한다. 교과서나 문제집에서는 당장 이항 등 문제 푸는 기술에 집착한다. 빨리 풀 수 있는 방법이지만 그러다가 중요한 등식의 성질을 간과하게 된다. 그래서 중·고등학교에서 등식의 설질과 관련되는 것들을 모두 외우게 하며, 아이들이 이유도 모르면서 문제를 푸는 불상사가 발생하는 것이다. 적어도 초등학교에서는 등식의 성질을 정확하게 이해해야 하고 등식의 성질대로 충분히 연습을 해야 한다.

다섯째, 비례식을 방정식으로 바꾸는 연습을 하라.

교과서는 비례식의 성질이라고 하여 '내항의 곱과 외항의 곱은 같다'라고 외우게 하여 문제를 풀게 시키는데, 중학생들이 이것을 이해하는 아이는 지금까지 한 명도 보지 못했다. 문제만 풀게 하려면 비를 분수로 바꾸게 되면 분수의 성질로 별다른 연습할 필요도 없이 아이들이 잘 푼다. 중요한 것은 비례식을 방정식으로 바꾸는 연습이다. 중학교에서는 초등학교에서 비례식의 성질을 배웠으니 어떤 설명도 없이 곧장 비례식을 방정식으로 만들어 풀기를 요구한다. 그래도 '내항의 곱과 외항의 곱은 같다'를 그때까지도 기억하는 아이는 풀겠지만 그렇지 않은 아이들은 무척 난감해 한다.

기억을 못하는 아이들이 잘못한 것이 아니라 의미 없이 외운 아이들이 대단한 것이다. 초등학교에서는 비례식 문제의 답을 구하는 것이 아니라, 비례식을 분수의 등식으로 만들고 등식의 성질로 방정식을 만드는 연습을 해야 한다. 어느 중학교 선생님이 아이들이 초등학교에서 배웠을 텐데 왜 못하는지 이해가 가지 않는다고 하였다. 초등학교에서 비례식을 방정식으로 바꾸는 것을 배운 적이 없고 배운 적이 없으니 못하는 것이 당연하다.

여섯째, 비례배분을 연습하라.

비례배분이란 말 그대로 비례하게 나누어주는 것을 뜻한다. 비례배분은 중학교 수식이나 도형 파트에서 주로 나오는데, 중학교 진도만, 시험 준비만 한 학생들을 당황시키는 것이기도 하다. 그 밖에도 시간이 있다면 '번분수', '가비의 리' 등을 가르치는 것이 좋다. 이 부분을 배우는 시기는 고등학교지만 이미 초·중학교에서 문제풀이 중에 사용하고 있으며, 막상 고등학교에서 나올 때는 급격히 어려워지는 경향이 있기 때문에 쉬운 문제들에서 미리 연습하는 것이 좋다.

일곱째, 대칭의 개념을 잡아라.

도형의 이동에는 밀기, 뒤집기, 돌리기가 있는데 그중에 대칭은 뒤집기에 속한다. 이것들이 주로 사용되는 중학교 함수에서 밀기는 평행이동, 뒤집기는 대칭이동으로 용어가 사용된다. 대칭에서는 아이들이 뒤집는 것 자체를 어려워하는 것이 아니라 용어의 혼동으로 인한 것이다. 대칭과 관련되는 여러 용어 중에 특히 대칭점, 대칭축, 선대칭 도형, 선대칭의 위치에 있는 도형의 구분을 명확히 해야 한다. 여담으로 한마디만 덧붙인다.

우주의 만물은 대개 대칭으로 되어 있어서 비단 수학뿐만 아니라, 다른 모든 학문에서도 대칭이란 관점으로 보면 숨은 이면의 원리를 발견할 수 있다. 개념을 확장하는 데 하나의 좋은 열쇠가 될 수 있다는 것이다.

여덟째, 삼각형의 넓이가 기본이다.

기본도형은 삼각형, 사각형, 원이며 이들 둘레의 길이와 넓이를 구하는 것이 초등학교 도형의 대부분이다. 그런데 다양한 사각형의 넓이나 원의 넓이를 구하는 것을 가르치면서 교과서가 공식에 치우친 감이 있다. 많은 중학생들이 "초등학교 때는 공식을 외워서 풀었는데 이제는 다 잊어버렸다. 그래서 이제는 도형을 잘 못한다."며 아예 싫어한다. 이처럼 무작정 외운 공식은 잊어버렸을 때 더 많은 후유증을 만들어 낸다. 수학에서 공식은 가장 빠른 풀이방식이고 최종적으로 정리하여 머리에 들어가야 하는 것이지만, 공식 없이는 풀 줄 모르는 상태에서 공식만 외우는 것은 차라리 독이다.

도형을 싫어하는 이런 아이들에게는 "삼각형의 넓이만 구할 줄 안다면 초등학교에서 외운 공식은 아무 의미가 없다. 만약 삼각형의 넓이도 구할 수 없다면 지금 당장 알려주겠다."며 설득한다. 실제로 원을 포함하는 모든 다각형을 자르면 모두 삼각형이 되며, 삼각형의 넓이만 잘 구할 수 있다면 공식을 사용하지 않아도 구할 수 있다. 삼각형의 넓이를 구하는 다양한 방법을 가르쳐주고 나머지 모든 도형을 잘라서 삼각형이 되는 것을 가르치는 것이 맞다.

아홉째, ‘경우의 수’는 확률로 가는 길이다.

10개 중에 ‘경우의 수’를 포함시킨 것은 어찌 보면 필자의 경험 탓이라고 볼 수도 있다. 필자가 고등학생 때 수학에서 가장 어려웠던 것이 ‘경우의 수’였다.

경우의 수는 그 다음에 확률, 확률 다음에 통계로 넘어가는데, 경우의 수가 어렵다 보니 확률과 통계로 넘어가서도 계속 찝찝하였던 것이다. 경우의 수의 핵심은 덧셈을 하는 경우와 곱셈을 하는 경우밖에 없으며 정확하게 구분할 수 있어야 한다. 그런데 필자는 초·중학교에서 계속 그 개념을 잡지 못하다가, 고등학교의 좀 더 어렵고 다양한 경우의 수를 만나 끝끝내 고전을 면치 못했던 것이다. 요즘도 필자와 같은 학생들을 많이 만난다. 경우의 수가 어렵지도 않을뿐더러 초등학교에서 처음으로 나오고 있으니, 잘 잡아주어야 한다는 것을 명심하자.

열째, 정수의 사칙계산이 첫 단원이 되었다.

‘스토리텔링 수학’으로 개정하기 전에 중학교 1학년 첫 단원은 집합이었다. 집합은 중요하고도 어려우며 많은 개념을 담은 단원이라서 중학교로 올라가는 학생들을 괴롭혀 왔었다. 그런데 개정교과서는 집합이라는 단원을 아예 삭제하여, 중학교로 올라가는 아이들은 모르겠지만 예전보다 많이 편해졌다. 그런데 집합은 단원에서는 빠졌지만 배워야 할 중요한 것이 많기 때문에 나중에라도 집합 단원은 시간이 있을 때 보게 해야 한다.

이제 첫 단원이 정수의 사칙계산이 되었는데 어렵지 않으니 중학교로 올라가는 겨울 방학 때부터 공부해도 충분할 것이다.

수의 연산은 항상 그렇듯이 '맞았다'가 아니라 '빨라질 때'까지 연습해야 한다. 교과서는 정수의 연산을 처음 수직선으로 도입하고 곧장 연산으로 들어가는데, 그렇게 되면 의미를 담은 연산의 연습이 아니라서 빠르고 정확할 때까지의 연습시간이 훨씬 오래 걸린다. +에 '더한다'라는 초등학교의 개념에 '남는다'라는 의미와 −에 '뺀다'의 의미에 '모자라다'라는 의미가 추가 되었다. 이것을 문제에서 말로 하는 연습이 먼저 선행되어야 할 것이다.

8

선행先行의 의미를 정확히 알고 시작하라

국어나 영어와 달리 수학은 앞으로 아이가 공부해야 것이 정해져 있다. 그래서 다른 과목에서는 의미 없는 말이고 오로지 선행이란 말은 수학에서만 사용할 수 있다. 기본개념을 튼튼히 하라고 하니 마치 필자가 선행을 반대하는 사람으로 인식하는 사람이 많다. 기본을 기르는 것이 선행과 어긋나는 것도 아니며, 실력을 갖추고 더 나아가서 올바른 방법으로 선행하겠다는데 반대할 이유는 없다.

현재 많은 사람들이 선행을 하고 있으며 심지어는 초등학생인데 중학교 과정을 끝냈고, 고등학교 수학을 해도 되느냐는 전화를 받는다. 선행을 해야 하느냐 말아야 하느냐는 한 마디의 '좋다', '나쁘다'로 끝낼 수 있는 질문이 아니다. 선행을 하는 목적은 크게 두 가지로 나눌 수 있을 것이다. 첫 번째는 특목고를 준비하려는 것이고, 두 번째는 중학수학이나 고등수학이 어렵다니 미리 공부해서 시간을 확보하고 필요하다면 대책을 마련하자는 것이다.

우선 선행의 필요성을 얘기하는 사람의 말을 들어보자!

"기초나 기본을 잡는 것은 재미도 없을 뿐더러 기본을 잡는다 해도 성적이 올라가는 것도 아니다. 그러니 80% 정도만 이해되면 다음으로 넘어가거나 아니면 부족부분을 남겨놓은 상태로 반복을 통해서 해결할 수 있다. 또 상위학년을 공부하면 새로운 것을 배우니 재미있고 자신감도 생겨서 제 학년의 공부는 보다 열심히 하게 된다."

이론상으로 맞고 다른 과목에서는 이 방법으로 하는 것을 전적으로 동감하는 바다. 그런데 수학에서 수연산 등의 일부는 이런 방법이 통하지 않는다. 연산이 되는 아이들은 실제로도 초등학생인데 중학수학을 하면 초등학교의 것을 더 잘하고, 중학생인데 고등수학을 하면 중학수학을 잘하게 된다. 이런 식으로 한다면 대학수학을 해야 고등수학을 잘하게 되는데 아무도 고등학교에서 대학수학을 하는 아이는 없다. 선행을 해도 고등수학을 어려워할 가능성이 여전하다는 의미다. 그래서 선행을 하였다는 사람은 많은데 선행을 하여서 도움이 되었다는 사람은 없는 것이다. 결국 다음 두 가지가 문제다.

첫째, 부족한 기본을 감당할 수 있는 아이인가?

영재를 가르쳐보면 수학의 개념을 특별히 더 많이 알고 있는 것이 아니라, 과제 집착력이나 암기력 등의 힘의 도움을 받아서 문제를 해결하는 것을 본다. 그러나 수학의 개념은 단순해 보이지만 막혔을 때는 누구에게나 벽이 된다. 언뜻 생각하기에 천재가 어려운 문제를 만나면 물고기가 물을 만난 듯 좋아할 것 같지만, 실제로 제일 먼저 하는 것은 좌절이다. 좌절을 딛고 일어서면 위대한 인물이 되지만 좌절에 굴복하면 결국 평범한 사람이 되고 만다. 이것이 어렸을 때 천재가 커가면서 평범해지는 이유로 한 마디로 말하면 난이도 조절에 실패했다는 것이다.

어려움을 극복할 수 있는 성향을 가지지 않았다면 선행을 하는 것이 어렵다고 생각한다. 만약 문제집에 나와 있는 공식이나 풀이방법을 외워서 문제만 해결한다면 선행의 의미는 더욱 퇴색하게 된다. 선행을 해서 시간을 벌고 최고의 자리에 가려고 했을 텐데 공식만으로 문제를 푼다면, 천천히 진도를 잡아서 온 아이와 다르지 않기 때문이다.

둘째, 부족한 기본을 처리하기 위해 그만큼의 반복을 하는가와 확실히 개념을 잡아줄 선생님을 만났는가?

초등학생에게 중·고등학교 것이 아니라 대학수학을 가르친다고 해도 반대하지 않는다. 문제는 아이에게 이해의 징검다리를 놓아주었느냐는 것이다. 수학은 수 천년동안 모두 천재들이 하나하나 만들며 축적해온 학문으로, 혼자서 생각하고 고뇌하는 것만으로는 단 한

발자국도 앞으로 나갈 수 없다. 산에 들어가 면벽수련 10년 만에 세상의 이치를 깨우쳤다는 사람도 있지만, 수학은 만약 '더하기'만 알고 산으로 들어가 평생을 고뇌한다 해서 절대 스스로 '곱하기'를 깨우칠 수 없다. 수학은 그것이 책이든 사람이든 누군가에게 배워야만 하는 학문이라는 것이다.

그런데 현실적으로 선행을 위하여 가장 많은 사람들이 학원을 보낸다. 고등학교 선행학원을 가면 가장 먼저 곱셈공식부터 외우라고 하고, 못 외우면 공식도 못 외우면서 무슨 공부를 하느냐고 한다. 그리고 실제로 공식을 외우면 문제가 잘 풀린다. 그러나 수학에서 공식은 최종단계지 처음 시작단계가 아니다. 그러면 자칫 여기까지가 실력의 끝이 될 수 있어 선행의 의미를 찾을 수 없다. 사람은 갑자기 어려움에 처하면 문제의 본질을 찾아가는 것이 아니라 당장 손쉬운 해결책을 찾게 된다. 무수히 많은 시행착오 끝에 문제의 본질을 찾아가는 학생도 있지만, 대다수는 옆걸음을 하면서 다른 학생들이 따라올 때까지 기다리게 된다. 선행을 하면 시간도 많으니 먼저 천천히 그러나 개념을 확실하게 알려주는 선생님을 찾아야 할 것이다.

정리하면 필요한 것을 시키고 나서 과제집착력이 있는 아이는 얼마든지 선행을 해도 좋으나 먼저 기술이 아닌 개념을 가르치는 선생님을 찾는 것부터 시작하라. 예전에 영재학원의 원장님들을 위한 강연을 한 적이 있었는데 이런 부탁의 말을 하였다.

"영재들은 다소 개념을 부족하게 가르쳐도 문제해결력이 높아서 당장의 문제를 잘 풀 수 있습니다. 그러나 가르치지 않은 개념이 좀 더 상위 문제여서 아이에게 좌절을 줄 수도 있으니 개념을 가르치는 데 소홀하지 말아주세요."

많은 수학 강사들의 강연을 들어보면 하나같이 개념을 강조한다. 그러나 실제 강의는 개념 위주로 하지 않는다. 사실 개념강의는 시간이 오래 걸리고 재미가 없으며 학생들이 싫어하기 때문이다. 인기를 먹고 사는 강사가 학생들이 싫어하는 것을 하기는 어려울 것이다. 다소 인기가 없더라도 개념을 잘 가르치는 선생님을 찾아서 먼저 개념을 튼튼히 해야 한다. 그러나 수능도 시험인지라 마지막에는 문제풀이기술도 역시 익혀야 한다.

3

중학수학 만점공부법, 시작은 수식의 이해부터!

0 공부를 안 하는 학생과 못하는 학생은 어떻게 다를까?

공부를 못하는 학생들 중에도 공부를 안 하려는 학생과 하려고 마음은 먹는데 안 되는 학생들이 있는데, 이들은 서로 다르다. 그런데 보통 부모나 선생님들은 이것을 구분하지 않고 모두 의지가 없는 학생으로 비난한다. 많은 어른들은 의지만 있으면 무엇이든 된다는 '의지만능주의'에 사로잡혀 있는 듯하다. 할 수 있는데도 안하는 학생에 대한 비난은 어쩔 수 없겠지만, 하려는데도 안 되는 학생을 무조건 의지부족이라고 비난하는 것은 너무도 가혹하다.

사실 어른들이 그렇게 강조하는 의지는 믿을 것이 못된다. 의지와 본능이 싸운다면 장기적으로 의지가 본능을 이길 수는 없다. 의지가 이기는 경우는 마음을 다잡고 있는 특수한 상황에서만 가능하면, 그 외의 시간은 본능이 이길 수밖에 없는 구조이기 때문이다. 그래서 컴퓨터나 *TV*, 핸드폰을 옆에 두고서 자신의 의지가 얼마나 강한지 시험하기보다는, 이런 방해받는 물건을 아예 치우는 것이 중요하다. 어른인 필자도 인터넷의 유혹을 이겨낼 수 없을 거라고 단정 짓고 글을 쓰는 컴퓨터는 아예 인터넷 접속이 되지 않도록 해놓고 있다. 공부를 잘하는 학생들은 의지가 높은 것이 아니라 자기 스스로 상황을 공부하기 좋도록 만들었을 뿐이며, 공부가 고통이 되지 않는 상황을 만들었을 뿐이다.

못하기 때문에 안 한다고?

노력을 하든 안하든 간에 학생들은 기본적으로 공부를 잘하고 싶고, 또 해보기도 했다. 평상시 전교 바닥권인 학생이 어느 날 갑자기 "나, 이제부터 공부할거니까, 조용히 해! 그리고 나한테 말 걸지 마!"라며 이제부터는 공부하겠노라는 선언을 하는 경우가 있다. 보통 이런 아이들은 싸움도 잘해서 모두가 그의 말대로 따른다. 그러면서 주변의 아이들은 '그래 얼마나 하나 보자!'라는 심정으로 지켜본다. 예상대로 그 학생은 30분도 못 버티고 책상을 박차고 나가버린다. 하려고 했는데도 안 되기에 그 학생은 오히려 더 공부와 담을 쌓는 계기가 되었을 것이다. 이런 일은 필자가 학교를 다닐 때도 심심치 않게 보았는데, 학생들에게 물어보니 요즘도 그런 학생들이 있다고 한다. 그때는 그 이유를 몰랐고 의지부족이라며 같이 비웃었지만, 이제는 그 학생이 겪었을 고통이 이해가 된다.

공부를 안 하던 학생이 공부를 하려고 할 때, 책을 읽으면 모르는 단어도 많고, 또 윗줄 읽고 아랫줄을 읽으면 윗줄이 기억이 나지 않는다. 이런 고통 속에서 30분을 공부하였는데 머릿속에 기억나는 것이 하나도 없다. 비록 힘들어도 무언가 쌓이는 느낌이 들어야 공부를 지속할 것인데 전혀 공부가 되는 것처럼 보이지 않는다. 그러면 요란을 떨며 공부하겠다고 하였던 것부터 시작하여 '공부머리가 아닌가 보다'라는 생각까지 별 오만가지 생각이 다 난다. 그렇다고 자존심상 나는 머리가 나빠서 안 되겠다고 하기도 싫어서 말없이 화를 내며 자리를 박차고 나가버린 것이다.

전교 바닥권인 아이들과 속마음을 주고받으면 자신도 이런 경험을 했노라고 하는 경우가 많다. 공부를 해보려는데 전혀 되지 않아서 누구에게 말할 수 없을 만큼 치욕스러웠던 것이다. 그런데 과연 머리가 나쁘다거나 공부머리가 아닌 걸까?

공부기술의 기초는 암기능력을 키우는 것

공부는 책이나 강의를 통해서 요점과 중점을 파악하고 일어난 일을 순서대로 나열하여 원인과 결과를 파악하고, 나름의 결론을 내릴 수 있는 비판과 판단 능력이 필요하다. 아울러 주어진 정보를 통해서 새로운 사실을 파악하거나 깊이 들어가며 덧붙일 수 있는 능력이 필요하며, 이것을 공부의 기술이라 할 수 있다. 그런데 이런 공부의 기술을 활용하기 위해서는 제일 먼저 암기능력을 키우는 것이다. 단기기억이든 장기기억이든 암기가 되어야 위 능력을 사용할 준비가 되기 때문이다. 앞에서 이해와 암기를 구분하며 한참을 설명한 이유가 바로 이것 때문이다. 그런데 암기는 공부의 기술 중에서는 가장 기초적인 것이며, 가장 빨리 쌓을 수 있는 분야다. 암기가 되고 안 되고가 머리탓이 아니며 설사 암기가 안 된다면 연습하면 된다.

공부를 잘하는 아이는 이미 머리가 활성화되어 암기가 잘되기 때문에 공부가 좀 더 편하다는 것이지 머리가 좋은 것이 아니다. 암기능력이 가장 빨리 자란다지만 적어도 3개월은 암기를 지속적으로 해야 머리가 활성화된다. 만약 공부를 못해서 안했다면 그것은 대부분 암기능력이 부족한 것이다. 공부를 잘하고 싶으면 제일 먼저 암기의 힘을 키워야 한다. 수업시간에 외우는 것은 물론이요 나중에 다시 떠올려보는 반복을 지속해야 한다. 만약 정히 외울 것이 없는 상황이라면 하다못해 길거리의 간판 이름이라도 외워야 한다. 그런데 암기의 무용론을 주장하는 사람이 많아서 하나의 예를 더 들어본다.

암기는 능력이 아니라 연습으로 가능한 것

만약 운동을 하기 위해서 아령을 올렸다가 내렸다가 하는데, 아령에 주목해서 보자! 아령을 올렸다가 내리는 것을 왜 반복하겠는가? 그 이유는 간단하다. 아령에게 놀이동산의 즐거움을 선사하기 위해서 하는 것이 아니라, 아령을 올렸다가 내렸다 함으로써 팔의 근육에 자극을 주는 것이 목적이다. 암기도 마찬가지다. 외우면 잊어버릴 것이 분명하여 암기가 필요 없다고 할 수 있을지 모르겠지만, 외웠다가 잊어버리는 과정에서 중요한 것은 머리가 활성화가 된다는 것이다.

암기란 어느 누구에게만 가능한 특별한 기술이 아니라 인간이면 누구나 가능하며 또한 연습으로 얼마든지 계발할 수 있다. 그러나 처음에 암기는 자신의 머리를 심하게 의심할 만큼 잘되지 않는다. 이것을 미리 안다면 비록 일시적이기는 하지만 의지를 다질 수 있을 것이다. 무거운 역기를 다른 학생들이 번쩍번쩍 드는 것을 보고 자신도 같은 무게를 들려다가 안 된다고, 자신은 역기 드는 것에 소질이 없다고 미리 단정하는 것과 같다.

만약 공부가 바닥이고 암기가 안 되는 학생이라면 특정한 한 단원만 다섯 번 외우고 시험을 봐 보기 바란다. 물론 암기의 양을 줄이기 위해서는 이해해야 하는데, 이해하여 외우는 것은 똑같이 외우는 것이 아니라 자신만의 언어로 외우게 될 것이다. 그러면 적어도 그 단원에서 나오는 것은 대부분 맞출 것이고, 자신감을 얻으면 이를 바탕으로 좀 더 많은 단원 그리고 점차 여러 과목으로 확대해서 적용하면 된다. 간혹 전교 바닥이었다가 전교 1등이 되었다고 하는 아이들의 책이 나오기도 한다. 이들 책을 읽어보면 하나같이 무식하게 외웠음을 공통적으로 확인할 수 있다. 물론 쉽지 않기에 필자가 가르치는 학생들에게서도 많지는 않지만 중요한 것은 우연이 아니라 의도적이었다는 데서 차이가 있다.

필자는 공부를 하지 않겠다고 마음을 먹은 학생의 마음을 바꾸지 않고 성적을 올린 경우는 단 한 번도 없다. 그러나 공부를 하려고 마음먹고 그 시행을 할 수 있는 학생이라면, 가장 밑바닥이든 아니면 성적이 답보상태를 유지하던 간에 이 방법으로 성적은 얼마든지 올릴 수 있었다. 여러분도 이 방법을 사용하면 수학을 제외한 대부분의 과목에서 장담컨대, 몇 개월 안에 성적이 급격한 향상을 보일 것이다.

오스본이 장애를 가진 아들을 위해서 '브레인스토밍'을 개발하였듯이, 대부분의 새로운 기술이나 기법 등이 개발될 때는 장애를 가진 아이들을 대상으로 만들어진다. 그런데 그 꽃을 피우는 데는 상위권이나 영재들에게 적용하면서다. 필자의 〈대나무학습법〉도 공부를 잘 못하는 학생들을 위해서 만들어졌지만, 실제로 행하는 것은 상위권 학생들이 주로 사용한다. 어렵더라도 공부를 잘하고자 마음 먹은 학생들의 길잡이가 되었으면 하는 바람이다.

1 중학수학의 목적은 수식의 이해다

수학의 최종 목적은 사고력을 키워서 문제해결력을 높이는 데 있다고 하였다. 이것을 해결하기 위한 기초단계로 초등수학은 수 연산, 중학수학은 수식, 고등수학은 다양한 수식의 확장이라는 3단계를 거친다. 그런데 이렇게 단계별로 볼 수도 있지만 더 크게 바라보면, 초등학교와 중학교의 수식에 대하여 고1의 확장을 통해서 매듭을 짓고, 고2부터 이를 바탕으로 하며 벡터에 이르기까지 다양하며 새로운 수식의 도입과 확장이라는 과정으로 이분됨을 알 수 있다.

이런 관점에서 보면 결국 초등학교와 중학교에서 수학이 요구하는 빠르기와 정확도도 모두 고1이 목표가 된다.

고1의 확장은 아이들에게 고2, 3학년에 비해서도 무척 어렵다. 초등학교에서 분수를 확실히 하지 않은 중학생의 50%가 무너지는 곳이 중3이라면, 다시 인문계를 진학한 학생들의 70~80%가 무너지는 곳이 멀리 고2나 고3이 아니라 바로 고1이다. 물론 대입에서 수학이 차지하는 비중이 얼마나 큰지 알기에 아무도 드러내놓고 포기했다고 하지는 않지만 심정적으로는 끝난 것이다. 수학을 뒤로 미루거나 하지 않는 것은 나중에 시간부족이라는 허울 아래 포기할 수밖에 없는 상황을 만들기 때문이다. 그래도 다행인 것은 고1까지 수포자가 양산되고 그 뒤로는 많이 발생하지 않는다는 것이다. 따라서 중학수학은 학교 성적이나 올리면서 이러다 보면 나중에도 잘 되겠지 하고 근거 없는 희망을 갖기보다는, 구체적으로 고1에서 요구하는 중학수학의 수식에 대한 개념을 정확하게 잡아야 한다.

고1의 수포자는 고1에서 열심히 하지 않아서가 아니라 중학교에서 제대로 준비하지 않은 탓이 가장 크다. 고1이 어렵다지만 고1에서 새롭게 배우는 개념은 하나도 없기 때문이다. 결국 중학교에서 개념의 중요성을 인식하지 못하고 고등학교에 비해 상대적으로 쉬운 중학교의 유형별 문제풀이에만 매달리다가, 어려워진 고등수학에서 개념부족이 문제가 된 것이다. 수학은 단계마다 탈락 시스템을 갖추고 있는데, 고1의 수포자는 중학수학을 제대로 하지 않는 탓이 가장 크다. 고1의 수포자를 만들지 않기 위해서 필자가 중학수학의 개념에 대하여 다양한 각도로 여러 권의 책을 내는 이유기도 하다.

중학수학에서 새롭게 배우는 개념은 단지 4개뿐이다

중학교에서 다루는 수식은 거의 일차식과 이차식이 전부다. 열심히 하는 아이에게 단순히 일차식이나 이차식을 풀 수 있게 하는 것이 어려운 일은 아닐 것이다. 설사 개념을 잡지 않는다 해도 3년 동안이나 배우니, 일차방정식이나 이차방정식을 푸는 방법이 수많은 문제풀이 속에서 정형화될 수 있을 것이다. 그럼에도 불구하고 자꾸 오답이 나오니 아이들은 계속 새로운 문제 유형을 찾아다니게 된다. 게다가 수식이 갖는 개념보다는 다양한 유형을 풀어보는 것으로 높은 성적을 올리는 경우가 더 많다.

중학교 시험문제는 대부분 선생님들이 만드는 것이 아니라 문제집에서 베끼기 때문에 풀어본 문제가 시험에 나오면 훨씬 유리하다. 그런데 이런 식으로 공부하면 개념을 잡지 못하였기에 고등수학이 어려울 수밖에 없다. 이것이 중학교 우등생의 70%가 고등학교에 가서 추락하는 원인이다.

개념이 쉬우면 별다른 차이가 없어 보이지만, 어려워졌을 때 그 차이를 몸으로 느낄 수 있을 것이다. 개념을 잘 잡은 아이는 마치 산과 같이 밟고 올라갈 수 있지만, 그렇지 않다면 벽으로 다가와 올라갈 길이 없는 장애물이 될 수도 있다.

초등학교에서의 개념을 +, −, ×, ÷와 괄호, 등호, 부등호와 같은 기호라고 하였다. 그렇다면 중학수학에서 개념이란 무엇인가?

중학교에서 새롭게 배우는 개념은 '−(모자라다)', '=(등식의 성질)', '| |(절댓값)', '거듭제곱'이라는 4개뿐이다(『중학수학 만점공부법』 참조). 언뜻 보기에 별거 없어 보이겠지만, 초등개념과 중학교 4개의 개념을 가지고 중학교의 3년과 고1의 모든 문제를 만들어 낸다. 몇 개 되지도 않는 개념을 학생들은 왜 익히지 못하는 것일까?

첫째, 교과서가 이들 개념을 대충 다루고 있다.

예를 들어 중1 교과서에서 절댓값의 경우 '원점에서의 거리'라는 정의로 끝낸다. 과연 이 정의만으로 중1이 아닌 중3의 문제를 해결하고, 고1의 모든 단원에서 사용되는 절댓값 문제를 풀 수 있을까?

개념을 깊이 있게 다루면 어려운 문제와 맞닿아 있기에 당장 사용할 수 있는 개념의 쉬운 부분만 건드린다. 그렇다면 상위 학년에서 다시 심도 있게 다루어야 하는데, 한 번 다룬 개념을 교과서가 다시 다루는 경우는 지금까지 한 번도 없었다. 그래서 아이들이 계속 얕은 개념이나 임시방편의 개념만 가질 수 있어 오류의 원인이 되는 경우가 많다. 그래서 필자는 개념의 정의 자체만이라도 상위학년을 포괄할 수 있는 정의로 바꾸어야 한다고 생각한다.

둘째, 가르치는 사람이 개념을 가르치는 것은 무척 귀찮은 일이다.

교과서처럼 개념을 가르치기는 쉽지만 보다 개념을 정확하게 가르치는 일은 무척 귀찮은 일이 된다. 게다가 가르치는 기준이 되는 교과서가 제시한 개념을 넘어서는 일은 교과 외적인 일이 된다. 선생님의 재량권을 넓혀주어서 가르치는 것이 교과서 밖이라 할지라도 시험을 출제할 수 있다면, 아이들이 보다 선생님의 말에 귀 기울여서 공교육의 내실화와 함께 개념도 좀 더 정확하게 할 수 있을 것이다.

셋째, 개념만을 들으면 개념이 갖고 있는 범위가 워낙 넓어서 이해가 안 된다.

개념을 잡는 것은 기초라서 재미가 없고 거기에다 깊이를 더하면 어렵기까지 하여 마치 쓸데없는 것 같은 착각을 가져온다. 개념을 들을 때는 잘 모르겠다가 예시로 든 문제에서 구체적으로 적용되는 것을 보아야, 비로소 말의 뜻을 어렴풋이나마 알게 되는 경우가 많다. 그래서 아이들이 개념은 둘째 치고 먼저 문제부터 풀려고 달려드는 것이다. 개념이 아니라 문제부터 공략했는데 의외로 문제가 잘 풀렸다 치자. 그 순간 아이들은 개념에서 멀어진다. 문제풀이에 익숙해지면 아이들은 유형별 접근방법으로 가는데, 개념과의 연결성을 찾지 못하기 때문에 실력의 향상으로 이어지지 못하는 것이다.

중학수학의 최종목표는 이차식에 대한 이해다

이들 개념이 구체적으로 사용되는 곳은 일차식과 이차식이다. 따라서 중학수학이나 고1에서 최종적으로 학생에게 요구하는 것은 이들 식을 올바르게 바라보는 눈과 이를 통한 문제해결력이다. 이런 식을 보는 눈은 식이 만들어지는 과정(『중학생을 위한 7가지 개념수학』 참조.)을 하나하나 이해하고 만들어질 수 있는 조건을 생각하고 연습하여야, 비로소 주어진 식이 의미를 드러내게 된다. 개념들이 뭉쳐서 만들어내는 이들 식의 하나하나를 알아야 문제가 요구하는 것을 알고, 익힌 개념도 사용하여 문제를 해결하는 것이다.

기껏 커봐야 이차식인데 거기에 무엇이 있냐는 학부모도 있겠다. 그렇다면 다음 식들이 갖는 의미를 한번 구분해보자.

1) $ax^2+bx+c=0$

2) 방정식 $ax^2+bx+c=0$

3) x에 관한 방정식 $ax^2+bx+c=0$

4) x에 관한 이차방정식 $ax^2+bx+c=0$

5) x에 관한 방정식 $ax^2+bx+c=0$ $(a\neq0)$

각각의 구분은 『중학생을 위한 7가지 개념수학』을 참조하기 바란다. 위 5개는 주로 문제의 조건으로 첫 머리를 장식하는데 학창시절에 수학 좀 했다는 학부모들도 정확하게 구분하기는 쉽지 않을 것이다. 많은 선생님들이 학생이 문제를 풀 때 정확하게 읽지 않는다는 말들을 한다. 주어진 조건을 무시하였거나 문제가 요구하는 것이 아닌 다른 것을 푼다거나 문제를 풀다가 헤매는 것을 보고 안타까워서 하는 말이다.

문제를 푸는 기술만 익힌 학생의 입장에서 보면 주어진 식이 이전에 풀어 보았던 똑같은 식이라면 푸는 데 문제가 없을 것이다. 그러나 식이 달라지거나 조건이 붙었거나 물어보는 것이 다르다면, 그 변수가 많아서 정형화된 식으로서의 풀이는 힘을 발휘하기 어렵다.

눈으로 본다고 다 똑같이 보이는 것이 아니다. 안 보는 것이 아니라 봐도 모르기 때문이다. 주어진 식이 무엇을 말하는지도 모르는데 조건을 따지고 문제가 요구하는 것을 알기 쉽겠는가? 주어진 식이 미지수는 몇 개이고, 다항식인지 방정식인지, 방정식이라면 몇 차 방정식인지, 이용해야 하는 성질은 무엇인지가 떠오르고 필요한 구분할 줄 알아야 한다. 그래야 비로소 단서도 보인다.

고1의 삼총사도 이차식이다

초등학교와 중학교 9년 동안 배운 것을 모두 확장하는 시기가 고1이다. 확장은 언제나 그렇듯이 어렵다. 고1은 중학교 문제들에 비해 3~7배의 난이도를 보인다. 그렇다면 과연 고1에서 사용되는 식은 무엇일까? 고1에서 아이들이 어려워하는 것도 여전히 이차식이다. 이차방정식, 이차함수, 이차부등식이라는 것인데 이것을 필자는 고1의 삼총사라고 부른다.

3차 이상의 고차가 많이 사용되지만 여전히 그 내부에는 중학교에서 이미 배우고 익혔어야 하는 개념이 주축이 된다. 혹시 삼차 이상의 고차식이라서 학생들이 어려워한다고 생각하는 사람도 있을지 모르겠다. 그러나 고차식을 이차식과의 곱으로 만든다는 것은 기술일 뿐이며 이들 기술을 익히는 것을 어려워하는 고등학생은 많지 않다. 그렇다면 결국 이것들을 배우는 중학교에서 개념을 잡지 않은 것이 고1을 힘들게 하는 주된 원인이라는 것을 알 수 있다.

고등학교에서 요구하는 많은 개념이 중학교에서 이미 익혀야 하는 것이고, 그 시기에 장기간에 걸쳐서 시간을 두고 개념을 튼튼히 해야 한다. 그렇지 않은 경우 고등학교에서 개념을 급조하려다 보니 연습시간이 부족하고 마음은 급한 상태가 된 것이다. 수학은 급한 상태에서 실력을 발휘하기는 어렵다. 개념을 단순하게만 보면 무척 쉽게만 보여서 별 쓸데가 없는 듯이 보인다고 했다. 그러나 쉬운 개념이 몇 개만 뭉치면 얼마나 어려운 문제로 변신하는지 학부모들은 알 것이다. 개념이 비록 당장의 문제풀이에 도움이 못된다할지라도 중학교에서 개념을 잡아야 한다. 개념을 깊이 들어가면 어렵더라도 중학교에서 새로이 배우는 개념은 4개밖에 없으니 이를 정확하게 잡아야 한다.

그 다음, 수 또는 문자와 이들 개념이 뭉쳐서 만들어내는 일차식과 이차식을 단순히 문제만 풀도록 하여 높은 성적을 요구하기보다는 개념을 잡고 정리할 수 있도록 지도해야 할 것이다.

2 모든 수학문제풀이의 목적은 개념강화에 있다

수학을 가르치는 많은 선생님들이 아이들을 상위권과 하위권으로 구분하고, 각기 다른 공부법과 다른 난이도의 문제집을 풀어야 한다고 주장한다. 하위권은 쉬운 문제집을 풀고 상위권은 어려운 문제를 풀어야 한다는 것이다. 그런데 하위권은 항상 쉬운 문제집만 풀면 언제 학교시험을 잘 보고 상위권에 도약할 수 있겠는가?

상위권이라 해도 처음 배우는 단원도 상위권이 아니니 결국 모든 아이들을 쉬운 문제집부터 보통의 문제집, 그리고 어려운 문제집 등을 순차적으로 계속 모두 풀라는 말밖에 되지 않는다. 이렇게 많은 문제집을 통하여 많은 문제들을 풀면 아이에게 다음과 같은 일이 벌어진다.

첫째, 많은 문제를 풀려고 한다면 부족한 시간 때문에 깊고 다양한 생각을 할 수 없게 된다. 그래서 아이들이 반복할 것도 아니면서 툭하면 별표를 치면서 넘어가는 것이다.

둘째, 여러 문제를 풀려 하다 보면 당연히 반복은 적고 개념을 배웠다 해도 개념의 적용을 확인하지 않아서 개념이 튼튼할 기회를 잃게 된다.

셋째, 유형별 접근만 이루어져서 쉬운 문제를 보면 자신감을 보이다가도 어려운 문제를 만나면 결국 자신감을 잃게 된다.

넷째, 설사 어려운 문제를 많은 고민 끝에 풀었다 해도 그 문제의 구조를 모르기 때문에 실력이 늘었다고 보기는 어렵다.

보통 아이들은 개념들이 조합된 무수히 많은 문제를 모두 풀어서 해결하려고 한다. 그러나 이것은 어리석은 선택이다. 이렇게 많은 문제집을 풀면서 개념을 잡기란, 부자가 가난한 사람들을 이해하는 것만큼이나 어렵다고 생각한다.

『중학생을 위한 7가지 개념수학』의 독자 리뷰에서 이 책의 대상이 상위권인지 하위권인지가 불분명하다는 의견이 있었다. 개념이 깊어서 아마도 상위권을 위한 책으로 오해 한 것 같다. 필자는 모두에게 적용되는 공부의 방법에만 관심이 있고, 굳이 구분하여 말하자면 좀 더 마음이 가는 쪽은 오히려 수학을 못하는 아이들이다. 대부분의 사람들과 달리 필자는 상위권이든 하위권이든, 수학의 공부법은 오로지 한 가지 길밖에 없다고 생각하기 때문이다.

수학을 잘하는 길은 대로처럼 크고 하나인데 사람들이 중간에 샛길로 빠졌다가 올바른 길로 접어들어서 성공하는 경우가 많아, 마치 다양한 길이 있는 것처럼 보인다. 모든 학생은 개념을 잡고 중간 정도의 난이도의 문제집을 여러 번 반복하면서, 계속 개념을 확인하는 것이 가장 빠른 수학시험 공부법이라 생각한다. 다만 하위권과 상위권은 좀 더 보충해야 하는 부분만 다를 뿐이다.

중학생 절반이 분수셈을 못하는 상황이니 하위권은 문제집을 반복하면서 분수의 연산 등 초등학교의 부족부분을 채워 나가야 한다. 물론 하위권이 분수연산 등 부족부분도 메워야지, 개념도 잡아야지, 거기다가 중간 난이도 정도의 문제집을 푸는 것은 쉽지 않다. 그러나 꾸준히 반복하면 된다. 공부를 못하기까지 그동안 놀았다는 것이고 거기에 대한 벌을 받아야 하지 않겠나? 대신 공부를 잘하는 아이도 올바른 방법으로 하는 아이가 많지 않으니, 곧 머지않아서 역전의 그날이 반드시 올 것이다. 수학은 올바른 공부법과 노력에 대해서 절대 배신하지 않는다. 만약 초등학교의 분수연산이 되는 학생이라면, 중학교에서 어려운 한두 문제를 제외하고 하루에 많아야 20~30분 정도면 충분하다고 본다. 그리고 상위권도 역시 한 권의 문제집을 반복하면서 보충해서 어려운 문제에 도전하는 것이 필요하다.

어려운 문제집이라고 하지 않고 어려운 문제라고 한 것에 주목하기 바란다. 어려운 문제집에 어려운 문제가 있으니 그게 그거라고 하겠지만, 어려운 문제집을 모두 풀겠다는 압박에서 벗어나서 좀 더 깊은 생각과 시간을 활용하라는 의미다. 어려운 문제가 실력을 높여주는 것은 아니며 끈질기게 물고 늘어지는 과제집착력이 필요하기 때문이다. 어차피 실력이 목적이 아니기에 전부 풀려고 하는 것이 아니라 답이 틀리더라도 끝까지 해보는 데 의의를 두기 바란다.

『중학수학 만점공부법』을 낸 이후 이 책의 추천사를 쓴 경기과학고 출신의 명문대 학생의 글을 보고 깜짝 놀란 적이 있었다. 자신이 고민 고민 끝에 알아낸 것이 책에 모두 나와 있어서 화가 났다는 내용이었다. 필자는 이 정도의 개념을 잡기위해서 거의 15년을 고민한 결과지만, 말대로라면 그 아이는 기껏 3년 정도의 고민만으로 필자의 수준에 이르렀다는 말이 아닌가? 화가 날 사람은 그 학생이 아니라 바로 필자가 아닐까?

수학을 공부하는 방법은 크게 두 가지다. 개념을 하나하나 익히고 이것들이 조합한 문제의 본질을 알아가는 공부와, 추천사를 쓴 이 학생처럼 개별적인 문제들을 많이 풀고 다시 그 안에 있는 공통인 성질 즉 개념을 추출해내는 방법이 있다. 그런데 많은 문제들을 풀고 또 그 안에서 공통인 개념을 추출하는 방법은, 아이들이 문제에 치여서 대부분 개념추출까지는 이르지 못하고 있다. 이처럼 개별 문제를 통해서 개념을 추출하는 학생도 물론 있지만 그 수가 적다는 것은, 그동안 수학을 포기하는 학생이 많았음이 증명해준다. 개념을 먼저 익히는 방법이 시간대비 결과물이 빨리 나오고 힘이 덜 드는 공부지만, 그동안 개념을 다루는 책이나 선생님이 부족하여 어쩔 수 없이 문제풀이에 집중했다고도 볼 수 있다.

많은 학생들이 문제집을 풀 때 문제집에서 설명되어 있는 부분을 읽지 않고 곧장 문제부터 풀기 시작한다. 읽어봐도 잘 모르겠고 문제를 풀면 자연히 알게 되었던 경험 때문이다. 또한 그 설명에는 개념이 없고 문제풀이에 대한 기술만 나열되어 있어 굳이 읽을 필요를 느끼지 않아서 그럴 수도 있다. 그러나 수학문제가 풀리는 순간 역으로 개념을 습득하는 기회는 점차 사라진다. 문제가 풀리면 더 이상 궁금하지 않게 되고 궁금하지 않으면 발전도 없다. 문제풀이의 목적은 단연코 개념의 습득에 있다. 또한 초등학교에서 부족부분이 있었다면 아직 시간이 있는 중학교에서 메워야 하며, 수학의 특성상 매일 수학문제를 꾸준히 풀어야 한다. 문제집을 풀면서 해야 하는 이유를 몇 가지를 언급한다.

문제집을 풀면서 반드시 체크할 것

첫째, 개념의 설명만으로 이해를 하기는 어렵겠지만 그래도 문제를 풀기에 앞서 먼저 개념을 최대한 이해해야 한다. 문제를 푸는 기술을 먼저 익히는 순간, 개념은 물 건너간다.

둘째, 풀고 있는 문제 속에서 반드시 앞서 이해한 개념을 적용해가며 한다. 문제풀이의 목적이 개념의 습득과 적용이기에 어떤 개념들을 사용하였는지 모른다면 풀어도 푼 것이 아니다. 개념적용을 확인해가며, 한 문제집을 반복하면 개념은 점차 깊어지고 이해의 폭은 넓어져서 다음 공부에 도움이 된다. 수학은 항상 다음 공부를 위한 준비다.

셋째, 초등학교 등 이전에 배운 것에 부족부분이 나오면 진도에 상관없이 미루지 말고 그 자리에서 찾아 이해해야 한다. 특히 분수연산을 못하면 더 이상 진도는 의미가 없다.

넷째, 하루 한두 문제만 어려운 문제를 풀자. 어려운 문제가 실력을 높여주는 것은 아니나 고등학교를 위해 어려운 문제를 대하는 태도를 기를 필요가 있다.

다섯째, 한 단원을 다 풀면 개념의 적용이 어떻게 이루어지고 있는지 생각해보는 정리의 시간을 갖는다. 적어도 수학의 처음과 끝은 항상 개념이다. 정리되지 않은 지식은 꺼내 쓸 수 없고 꺼내 쓸 수 없으면 고등수학에서 망한다.

중학교에서 가장 좋은 공부법은 학습지로 하루에 10분 정도 연산력을 기르면서, 필자의 책으로 개념을 이해하고 중간 정도 난이도의 문제집을 통해서 개념을 확인하는 작업을 반복하는 것이다. 그리고 하루에 한 문제 정도만 어려운 문제에 도전하는 것이다. 그래서 어려운 한 문제를 푸는 시간을 제외하고는 하루에 30분이면 중학교에서 충분하다. 수학은 매일 풀어야 하기 때문에 많은 시간, 많은 문제를 계속 푼다는 것은 실행을 불가능하게 하거나 궁금하지 않는 학생들이 증가할 뿐이다.

수학문제의 풀이 목적은 단연코 개념 습득에 있고 그 근원적인 힘은 궁금함에 있다. 개념을 배우고 한 문제집을 반복하면서 계속해서 개념의 적용을 확인해야 한다. 반복을 통해 문제들이 쉽게 다가오면 개념은 자연스럽게 채워진다. 문제집을 여러 종류 풀면서 모두 개념을 확인하겠다는 학생도 있지만 보통 시간부족, 의지부족 등의 이유로 실행이 어려울 것이다. 설사 한다 해도 그렇게 되면 중학교에서 너무 많은 시간을 공부하게 되는 결과를 가져온다.

공부는 이해한 다음에 반드시 외워라

대부분의 어른들이 말하기를 공부란 외우는 것이 아니라 이해하는 것이라는 말을 한다. 그래서 학생들도 거기에 세뇌가 되어 '공부는 곧 이해'라는 똑같은 생각을 한다. 못 믿겠다면 이 글을 읽는 중학생은 당장 그 학교의 전교 1등 학생에게 '공부는 외우는 거니? 아니면 이해하는 거니?'라고 질문을 해보라. 아마 망설이지 않고 그 학생은 '공부는 이해하는 것'이라고 답할 것이다. 그렇다면 이번에는 구체적인 학습내용을 직접 물어보기 바란다. 이해해야 한다고 대답한 그 학생은 학습내용을 외우고 있을 것이다.

물론 어른들이 공부는 외우는 것이 아니라 이해하는 것이라 말하기도 하지만 반복하라는 말도 덧붙인다. 이해하는 것을 반복하는 이유는 무엇일까? 예습, 복습 등의 말로 돌려 말하고 있지만 결국 반복하여 이해함으로써 외우라는 말이다. 이해하지 않고 외우는 것은 소용없다는 순서에 대한 강조를 하다 보니 나온 말이고, 학습이란 이해하여 암기에 이르러야만 학습의 결과인 성적이 잘 나온다는 것임을 명심하자.

이해와 암기 사이

과연 이해 없이 암기가 가능할까? 이해하지 않고 암기가 가능하다는 학생이 있다면 그 학생은 머리가 무척 좋은 것이다. 보통 이해하지 않고 무조건 외우는 방식이 가능한 시기는 초등학교 3학년까지이고, 그 이후로는 점차 이해가 되어야 암기를 할 수 있다. 중학생인 지금 이해가 안 된다면 암기가 안 되는 학생들로 넘쳐날 것이다. 그래서 어떤 공부를 하기 위해서 이해는 필수다. 이해 없이 무언가를 외우고 있다면 그것은 단기기억에 그치고 장기적으로 그 기억은 사라지고 만다.

특히 수학은 더욱 그렇다. 공식의 원리에 대한 이해 없이 외우고 있다면, 이것을 기억하는데 지속적이고 엄청난 반복이 있어야 가능하기 때문에 이런 식으로 공부를 지속하는 것은 불가능하다. 따라서 이해 없이 외우는 것은 극히 비효율적이며, 이것을 경계하라는 말이 '공부란 외우는 것이 아니라 이해하는 것'이라는 말로 표현된 것이다. 필자가 하고 싶은 말은 공부를 할 때 이해하는 것은 기본이며 더 나아가 암기에 이르도록 업그레이드하라는 말이다.

예를 들어 수업시간에 집중하여 이해하고 암기에 이르도록 노력한다면 좀 더 효율적인 수업이 된다. 만약 수업시간에 이해만 하고 또 학원가서 이해만 한다고 했을 때, 머릿속에는 낮은 수준이 될 것이다. 한 번의 학교수업에서 이해하고 외우려는 노력이 두세 번의 이해보다도 훨씬 더 효과적이라는 말이다. 지금도 많은 학생들이 하는 것처럼 설렁설렁 학교나 학원에서 이해만 하는 것은, 많은 시간을 투자하여 놀지도 못하고 고생하면서 낮은 지식을 보유하는 것이다.

이해하였다면 외워라! 그러면 나머지 시간에서 자유로워진다.

암기와 창의력 사이

이해를 강조하다 보니 마치 암기는 전시대의 유물로 마치 암기하면, 창의력이 손상이나 되는 것처럼 치부하는 사회적인 분위기가 있다. 예를 들어 우리나라는 노벨상 수상자가 극히 적다면서 그 이유를 잘못된 주입식 교육의 결과로 보는 사람이 많다. 그런데 우리나라와 유사한 교육을 하는 일본은 노벨상을 17명이나 받았으니 전적으로 주입식 암기교육의 책임이라고 할 수는 없다. 어느 것이나 마찬가지로 암기교육도 장단점이 존재한다.

주입식 교육은 계통학습으로 짧은 시간에 많은 것을 배운다는 장점이 있다. 그래서 우리나라는 적어도 겉으로는 전 국민이 모두 똑똑하다는 장점이 있다. 반면 계통학습은 배운 지식을 숙성하고 적용해보는 시간이 절대적으로 필요한데, 학교에서 배웠는데 학원과 과외에서도 계속해서 배우기만 했기 때문에 익히고 숙성할 시간과 기회가 없다. 그래서 주입식 교육의 장점을 살리지 못했다는 것이 우리가 반성해야 할 대목이다. 효율적인 공부를 이끌어 내지 못하고 많은 시간으로 승부하려다 보니 생겨난 폐해가 학습의욕 감퇴, 사교육비의 증가라는 부작용으로 나타난 것이다.

배우고 암기하고 반복하였다면 이제 여유로운 시간이 필요하며, 그 여유로운 시간에도 머리는 계속 가동되어 창의적인 발상이 나오게 되는 것이다. 사실 어린 아이가 아니라면 같은 것을 외우고 반복하는 것을 좋아하는 사람은 없으며, 새로움을 찾는 것은 인간의 본성이기도 하다. 그런데 싫어하는 것은 뇌의 주인인 우리만 반복을 싫어하는 것이 아니라 뇌도 반복을 무척 싫어한다. 아는 것을 반복하는 과잉학습은 뇌로 하여금 딴 생각을 하게 만드는데, 바로 이 '딴' 생각이 창의력의 발판이 된다. 창의력은 '낡은 것의 재결합'이라고 했다. 이것은 창의력이 어디 하늘에서 뚝 떨어져서 나오는 것처럼 원래 세상에 없었던 것이 아니고, 자신이 깊이 생각하는 것에서 비롯하기 때문에 굳이 의식하지 않아도 된다는 말이다. 물론 필자도 지금과 같은 방식의 주입식 교육을 찬성하는 것은 아니다. 그러나 단편적으로 다른 나라 교육의 일부 장점을 취하고자 다양성만 강조하고 깊이 있는 교육을 배제하는 것은, 죽도 밥도 안 된다는 것을 말하고 싶을 뿐이다.

필자가 학생들에게 공부 시간에 이해만 하지 말고 이해하였으면 외우라는 말을 한다. 몇몇 학생을 제외하고는 대부분 이 말을 한 귀로 듣고 한 귀로 흘리고 만다. 그러다가 더 이상 물러설 수 없는 고3이 되어서야 비로소 이것을 실천하는 아이들을 만난다. 올해도 몇몇의 고3 학생이 "선생님, 진짜로 수업시간에 외웠더니 이번 시험에서 성적이 많이 올랐어요."라는 말을 들었다. 마지막까지 버티다 어쩔 수 없을 때에 하지 말고, 속는 셈치고 필자의 말대로 3개월만 해보기 바란다.

4

수학은 벼락치기는 No! 시험기간에는 수학에 매달리지 마라

시험기간에 하는 벼락치기는 학생시절에만 할 수 있는 추억의 꽃이다. 많은 부모님들이 시험 때 벼락치기를 하지 말고 평상시에 공부하라는 말을 하지만, 모범생이 아니라면 평상시에 모든 공부를 해놓을 수는 없기에 벼락치기는 필수인 것 같다. 일반적으로 공부를 잘하는 학생은 2~3주 전부터 시험공부를 준비할 것이고, 그렇지 않으면 1주일 전부터는 할 것이다. 돌이켜 생각해보면 필자도 학창시절 쭉 벼락치기를 하였고, 통상 일주일 전부터 하려고 마음은 먹었지만 3일 정도 남아야 발동이 걸린 기억이 난다. 여담이지만 결국 기간이 짧아서 필자가 학교 다니면서 공부를 잘 못했나 싶기도 하다.

문제는 벼락치기를 어떻게 하느냐에 따라 평균 몇 십 점이 왔다 갔다 한다는 것이다. 이제 학생들을 가르치는 입장이다 보니 학창시절의 벼락치기는 많은 의미를 담고 있다. 일반적인 몇 가지 기술을 언급하고 나서 그 의미를 살펴보자!

첫째, 영어와 수학은 평상시 실력으로 본다.

평상시 영어, 수학의 실력이 없기에 시험 때라도 해야 된다고? 그렇다! 실력이 떨어질수록 시험기간에는 영어와 수학을 제외하고 시험공부를 해야 한다. 그 짧은 시험기간에 영어, 수학은 시간을 잡아먹는 하마고, 결국 시간을 투자하는데 비례하는 다른 과목의 점수를 갉아먹는다. 게다가 시간을 많이 투자한 영어와 수학은 여전히 점수가 시원치 않아서 전반적인 하향평준화를 면치 못하게 된다. 이것이 공부를 못하는 아이들의 전형적인 코스다.

공부를 잘하는 아이들을 보자! 영어와 수학은 단기간에 오르지 않는 것을 알기 때문에 평상시에 차곡차곡 실력을 쌓아 놓는다. 그리고 시험기간 동안에는 나머지 과목에 시간을 투자하기 때문에, 전반적으로 모든 과목에서 성적이 높은 것이다.

둘째, 반복해서 모두 외운다.

대부분의 선생님들이나 학부모님들이 공부는 외우는 것이 아니라 이해하는 것이라 말한다. 학생들도 너무 많이 들어서 세뇌가 될 지경이지만 안타깝게도 이 말은 '잘못된 말'이다. 어른들의 말처럼 암기하지 않고 이해만 하고 시험을 봤다면 성적을 올리는 것은 기대할 수 없을 것이다. 한 과목씩 끝장내듯이 외워가며 여러 번 반복할수록 점수는 오른다. 시험 때면 학원에서 찍어주는 문제를 풀기 위해서 노력하기 때문에 집중력을 발휘하는 경우가 많다. 아무것도 안 하는 것보다 낫겠지만, 스스로 공부하는 시간을 확보하지 않고 이처럼 요령만 피우면 장기적으로 좋은 점수는 어렵다. 오히려 최 상위권은 시험 때면 다니던 학원에도 가지 않고 자기 스스로 외우고 정리하는 시간을 갖는 경우가 더 많다. 외우고 정리하는 시간이 필수적이라는 것을 본능적으로 느끼는 것이다.

셋째, 기출문제를 구해서 본다.

시험은 매년 4차례를 봐야 하고 어려워지는 고등학교를 대비도 해야 한다. 장기적으로 내신보다 더 중요한 것은 진짜 실력이기에 성적과 실력을 적절하게 안배해야 할 것이다. 그런데 시험은 자신감을 위해서라도 잘봐야 한다. 내신은 출제자가 정작 선생님인데, 문제를 직접 만드는 경우는 드물다. 결국 교과서와 선생님이 주시는 프린트물 그리고 평상시 강조한 것을 위주로 먼저 공부해야 한다. 이것은 남들이 맞는 것은 자신도 맞는다는 전략이다. 특이한 것을 맞추기 위해서 남들이 맞는 것을 틀릴 수는 없지 않겠는가?

그런 다음 못 맞추는 문제를 공략하기 위해서는 정보도 중요하다. 선생님이 자주 보는 문제집이나 소위 족보라고 불리는 전년도 기출문제를 보는 것이다.

넷째, 마지막까지 최선을 다한다.

2~3주 전부터 공부하였어도 뒷심이 약해 막판에 놀면 벼락치기 하는 아이들에게도 밀릴 수 있다. 시험 막바지에는 말 그대로 최선을 다해야 하며, 그 목표는 지금 성적과 관계없이 항상 100점이어야 한다. 만점을 목표로 해야 어려운 것을 피해가지 않고 마지막까지 집중력을 확보할 수 있다.

필자가 중학수학 책의 첫 부분에 벼락치기에 관한 글을 쓰는 이유는 역설적으로 수학이 벼락치기가 안 되기 때문이다. 한꺼번에 할 수 없다면 조금씩 해야 하는 것이고, 그러기 위해서는 조급한 마음을 버릴 수 있도록 하는 시간확보가 필수다. 또한 필자는 고등학교를 대비해서 중학교에서 반드시 길러야 하는 것을 다음 3가지로 정리해 주고 싶다.

첫째, 수학에서 필요로 하는 개념을 튼튼히 잡아갈 것, 둘째로 책을 읽고 무슨 뜻인지 알고 정리할 수 있을 것, 셋째로 혼자 공부해서 2~3시간의 연속된 집중력을 유지할 수 있을 것이다.

이 3가지를 중학교에서 길러간다면 고등학교에 가서 대학이라는 동기부여와 대나무학습법 등으로 공부를 잘할 수 있을 것이다. 필자가 벼락치기를 권하는 이유는 이 세 가지와 모두 관련이 있다. 벼락치기를 하면 몇 시간이고 집중하는 힘을 기르게 되고, 그래야 평상시에 여유롭게 수학에서 필요로 하는 개념을 잡는 시간이나 책을 읽는 시간을 확보할 수 있기 때문이다.

5

수학을 못하는 학생을 위한 5가지 공부법

이번 단원은 수학을 아주 못하는 학생들을 위한 단원이므로 잘하는 학생은 건너뛰어도 무방하다. 그런데 수학책이라고 읽기 시작했는데 '벼락치기'나 '암기'를 언급하며 공부법을 언급해서 어리둥절한 독자들도 많겠다. 수학은 한꺼번에 되지 않는 과목이라서 꾸준히 해야 하며 절대 조급하게 생각해서는 안 되는 과목이다. 다른 과목에 대한 부담을 덜어주어야 수학에 마음 편히 집중할 수 있겠다는 생각에서 언급한 것이다.

그런데 계속해서 꾸준히 해야 한다면 어려서부터 꾸준히 해온 학생들을 따라잡거나 추월할 수는 없다는 말인가? 그동안 필자의 다른 책에서 수학은 한꺼번에 되지 않으니 오래 걸려도 개념을 잡으며 충실히 하라는 말을 하였다. 그 말을 부정하는 것은 아니지만 그 과정이 워낙 길어서 이 책에서는 그래도 먼저 수학 점수를 올릴 수 있는 방법을 언급하고자 한다. 물론 시간을 단축하는 방법이 있다하여도 벼락치기만큼 빨리 되지는 않는다. 그래도 다행인 것은 올바르게 가는 방법이 가장 빠른 방법이고 올바르게 수학을 공부하는 것은 상위권에도 많지 않다는 것이다.

수학이 바닥인 학생이라면 조급한 마음을 버리고, 먼저 다음 다섯 가지를 먼저 확인해서 부족부분을 채워야 한다. 비록 다섯 가지는 대부분 중1의 1학기까지 배웠던 것이지만, 설사 지금 2~3학년이라도 성적이 바닥이라면 예외 없이 익혀야 할 것이다.

첫째, 분수를 잡아라.

중1~2학생 중에 분수와 관련된 문제를 피해가는 학생들이 있다. 당장은 분수 문제가 많지 않아서 피해갈 수 있다는 생각이 들지도 모르지만, 결국 분수셈에 대한 연습을 등한시한 학생은 모두 중3에서 수학을 포기하게 된다. 수학은 점점 어려워진다고 하는데 그것은 수의 관점에서 보면 분수셈이 많아지기 때문이다. 수학은 수를 다루는 학문으로, 수의 연산이 안 되고서는 수학을 계속할 수는 없다. 분수의 사칙계산은 중학생 절반 가까이가 잘 되지 않고 있다. 그런데, 가르치는 사람도 배우는 사람도 애써 외면하는 듯이 보인다.

$\frac{1}{2}+\frac{1}{3}$과 같은 계산이 암산으로 곧장 $\frac{5}{6}$가 나오지 않는다면, 당장

분수의 사칙계산의 연습을 할 수 있는 계산문제집을 같은 것을 5권 정도 사서 꾸준히 6개월 정도 연습하라. 분수의 연산을 이렇게 오래 하라니 이해가 되지 않겠지만, 분수의 연산연습은 단순히 계산만의 연습이 아니고 수 감각까지 염두에 두어서 하는 말이다. 그 후로도 중학교 때에는 문자로 되어있는 분수의 연산을 별도로 한다. 여기에서는 문자로 되어 있는 분수의 연습대상을 예로 들어본다.

1) $\frac{1}{a}+\frac{1}{b}$
2) $\frac{b}{a}+\frac{d}{c}$
3) $a+\frac{1}{b}$
4) $\frac{1}{a}-\frac{1}{b}$
5) $\frac{b}{a}-\frac{d}{c}$
6) $a-\frac{1}{a}$
7) $\frac{1}{a}\times\frac{1}{b}$
8) $\frac{1}{a}\div\frac{1}{b}$
9) $ab\times\left(\frac{1}{a}+\frac{1}{b}\right)$
10) $ab\times\left(\frac{1}{a}-\frac{c-d}{b}\right)$

답: 1) $\frac{b+a}{ab}$ 2) $\frac{bc+ad}{ac}$ 3) $\frac{ab+1}{b}$ 4) $\frac{b-a}{ab}$ 5) $\frac{bc-ad}{ac}$
6) $\frac{a^2-1}{a}$ 7) $\frac{1}{ab}$ 8) $\frac{b}{a}$ 9) $b+a$ 10) $b-ac+ad$

분수의 사칙계산을 연습했다면 다른 설명은 필요 없어 보이나 3) $a+\frac{1}{b}$ 에 대한 답으로 초등학교에서처럼 $a\frac{1}{b}$ 로 해서는 안 된다. 대분수는 (자연수)+(진분수)로 정의되고 +를 생략할 수 있었지만, a가 자연수인지도 모르거니와 $\frac{1}{b}$이 진분수인지도 역시 모르기 때문이다. 중학교에서는 분수의 답을 대부분 가분수로 나타내면 무리가 없다.

둘째, 정수 셈을 말로 연습하라.

앞으로 좀 더 설명하겠지만 중학교에 들어오면서 +는 '더한다'라는 뜻에 덧붙여 '남는다'라는 것이, 그리고 −가 '뺀다'라는 뜻 외에도 '모자라다'라는 개념이 추가되었다. 이렇게 하여 초등학교에서 배운 0과 자연수, 그리고 분수라는 수가 정수와 유리수로 확장되었다. 그러면서 교과서는 곧장 정수와 유리수의 사칙계산을 계산하는 방법, 즉 '부호가 다른 수의 덧셈은 큰 수에서 빼고 큰 수의 부호를 붙인다'나 '부호가 같은 수의 덧셈은 두 수를 더하고 공통인 부호를 붙인다' 등과 같은 기술을 배운다.

초등학교에서 연산이 잘된 학생은 그래도 곧잘 하지만 연산이 부족한 학생은 여력이 부족하여 −를 챙기지 못하고, 오답을 내곤 한다. 오답이 나온다면 예전과 똑같은 연습을 해서는 안 되고 기술이 아닌 의미를 살리는 연습을 해야 한다. 소리 내어 말로 의미를 살리는 연습을 한다면 어처구니없는 오답을 많이 줄일 수 있을 것이다. 물론 위처럼 단순히 두 수만의 계산에서는 틀리는 것이 아니라 여러 개의 연산을 동시에 하거나 좀 더 복잡한 다항식이나 방정식에서 틀리는 경우가 많겠지만, 그때도 역시 부족 부분이 드러나게 되어 있다.

수학 계산에서 오답이 나오는 것은 밑 빠진 독에 물붓기와 같다. 특히 연산의 오답은 곱하기, 나누기가 아닌 더하기, 빼기에서 나온다. 그리고 이 오답은 보통 학생들이 실수라면서 3년이 계속되며 고등학교에서도 여전하다. 필자가 계산하다가 틀려도 학생들에게 이것이 나의 실력이라고 한다. 계속된 실수는 실수가 아니라 실력이며 또 실력이라고 해야 교정의 기회도 있으니, 겸허히 받아들여서 줄일 수 있도록 노력하자.

셋째, 식을 볼 때는 가장 먼저 다항식과 방정식을 구분하라.

숫자 또는 문자의 곱에서 곱셈기호(×)가 생략이 되고 나눗셈 역시 곱하기로 바꾸어서 생략하거나 분수로 들어간다. 또한 음수를 포함하여 곱하기로 뭉쳐지는 것은 하나의 항이 된다. 그래서 보는 것과 달리 항과 항 사이에는 +만이 존재한다.

예를 들어 $x\times x-x\times y$에서 곱하기를 생략하면 x^2-xy가 되고 이것을 볼 때에는 $x^2+(-xy)$처럼 두 개의 항으로 보아야 한다는 것이다. 이렇게 보지 않고 만약 −의 항을 분리하는 순간 3년간 모든 오답의 근원이 된다. 결국 초등학교에서 배운 사칙계산 중에서 ÷와 −가 없어졌으며, 직접 눈에 보이는 더하기와 생략해서 보이지 않는 곱하기만 존재하게 된다.

따라서 앞으로 중학교와 고등학교는 모두 적어도 식에서는 덧셈과 곱셈만 존재하며, 덧셈과 곱셈을 구분하는 것이 기본적인 식을 보는 눈이 되어야 한다. 그 다음으로 다항식과 방정식을 구분하고 미지수의 개수를 세어봐야 한다. 방정식은 그 식을 포함하여 미지수 개수만큼 식이 주어져야 하고, 다항식은 별도로 미지수 개수만큼 역시 식이 주어져야 한다. 미지수의 개수와 식의 개수가 같다면 일반적인 풀이 방법으로 문제를 푼다. 만약 미지수의 개수가 식의 개수보다 많다면, 조건에 집중하여 딴 생각을 해야 할 것이다.

이렇게 전체적으로 식을 바라보지 않고 그냥 문제만 풀게 되면 푸는 만큼의 효과가 없으며, 문제가 조금만 달라져도 자신감을 잃게 된다는 것을 유념하자.

넷째, 일차방정식을 빨리 풀어라.

일차방정식은 물론이고 일차, 이차, 삼차방정식 등 모든 방정식은 등식의 성질로 푸는 것이 정상적인 방법이다. 그런데 교과서는 등식의 성질을 충분히 연습하지 않고 이항을 통하여 빨리 푸는 방법만 연습시킨다. 그러다 보니 양변에 같은 수를 곱하거나 나누는 등식의 성질을 활용하는 경우 오답을 보이는 경우가 많다. 방정식을 빨리 푸는 것도 필요하지만 오답이 나오면서 빠른 것은 안 된다. 일차방정식은 앞으로 풀게 되는 수많은 방정식의 마지막 풀이과정이기에 자칫 수많은 오답의 근원이 될 수 있기 때문이다.

분수 계수의 방정식 등 여러 방정식을 어떻게 하면 빠르고 정확하게 풀 수 있는가를 연구해야 하며 그 근원에는 '등식의 성질'과 '방정식 푸는 순서'(『중학수학 만점공부법』 또는 『중학생을 위한 7가지 개념수학』 참조.)를 의식하며 풀어야 한다. 일차방정식의 풀이의 마지막 과정은 모두 $ax=b(a\neq0)$이 나오게 되는데, 이때 $ax=b \Rightarrow x=\frac{b}{a}$가 빨리 나오지 않는다면 모든 방정식에서 절대 빠를 수 없다.

다섯째, 대입법을 연습하라.

수학을 좀 하는 학생치고 '대입(代入)'을 못하는 경우는 드물다. 그러나 수학을 못하는 학생의 대다수의 경우가 대입에서 오답을 일으킨다. 예를 들어 $x=-3$을 $-x^2$이란 식에 대입하는 문제가 있다면, 대입은 '등식의 성질'의 하나로 '대신 집어넣는다'는 의미다. $-(-3)^2$처럼 괄호를 사용하고 음의 개수를 세어야 하는데 처음부터 암산을 하다가 부호를 무시하거나, 3도 x도 모두 주는 9, $9x$, $-9x$와 같은 오답을 쓰게 된다. 잘하는 학생이 보면 웃을 일이지만 대신 집어넣는다는 것이, 가게 가서 돈과 물건을 바꾸듯이 바꾸는 것이라는 것을 깨우치지 못하면 이런 일이 벌어진다.

많은 중학수학의 문제는 대입만 잘해도 풀 수 있다. 대부분의 수학 문제가 이처럼 음의 정수를 대입하거나, 식을 대입하면 되는데 이런데서 오답이 나온다면 문제를 풀 힘이 빠지게 된다. 특히 중학교의 함수 문제의 대다수는 대입이라는 것을 통하여 풀 수 있다. 함수의 개념을 차곡차곡 다지는 것은 별개로 하더라도 빈번하게 오답이 나오면 자신감 회복은커녕, 자칫 수학을 일찍 포기할 수 있기 때문에 조심해야 할 것이다.

자, 다섯 가지 방법만 확실히 하고 시험범위를 공부하여 분수와 음수의 처리, 그리고 등식의 성질에서 오답을 일으키지 않는다면 수학 80점은 문제없다. 그러나 중요한 것은 이렇게 올린 80점을 개념의 지속하려고 하는 것은 무덤이고, 수학에서 80점은 장기적으로 포기하는 수준이라는 것을 기억하기 바란다. 급한 것을 하였다 해도 앞으로 등식의 성질, 거듭제곱, 절댓값 등을 연습해야 하며, 계속해서 필자의 중학수학 책에서 언급하는 것까지 반복해서 확실하게 머릿속에 개념으로 자리하여야 한다.

머릿속에 없는 것은 꺼낼 수도 없다고 하였다. 개념을 잡는 공부를 지속해야만 중3이나 고1에서도 포기하지 않을 수 있다.

수학을 못하는 학생 vs 수학을 잘하는 학생

공부를 많이 한 열등생, 수학을 못하는 것은 두려움이다

"그 동안 수학에서 무엇을 배웠지?"

중학생들에게 이런 질문을 던지면 선뜻 대답하는 아이들이 별로 없었다. 물론 고등학생들이나 어른들도 같은 질문에 난감해하기는 마찬가지다. 그냥 주어진 수학문제를 풀고 답이나 맞추는 아주 오래된 교육을 변함없이 지속하고 있기 때문이다. 요즘 도입하고 있는 스토리텔링수학도 기억을 장기기억으로 이끄는 한 방법일 뿐, 스스로 질문하는 교육이 아니라 확장에 치우친다는 느낌을 피할 수 없다.

초등학교 6년 동안 여러 가지를 배웠지만 한 마디로 정리하자면 '자연수와 분수의 사칙계산'이다. 중학생은 잘했든지 못했든지 적어도 초등학교 6년 이상 수학을 공부한 학생들이다. 자연수와 분수의 사칙계산을 할 줄 안다면 초등학교에서 배워야 할 것을 모두 배운 것이니 자신감을 갖어도 된다. 아니 자신감이 중요하다. 설사 그 밖의 다소 지엽적인 여러 가지가 생각나지 않는다 해도 지금부터 하면 되는 정도의 수준이다. 자신감을 갖고 수학문제를 접하는 것과 그렇지 않은 경우에 같은 실력이라도 결과가 다르다.

간혹 성적이 바닥인 학생을 분수부터 가르쳐서 실력을 쌓고 성적이 오를 시점에서 시험을 보았는데, 그 학생이 수학문제를 읽어보지도 않고 찍어서 예전의 점수를 받아오는 경우가 있다. 그러면 필자는 어떤 설명도 없이 그 시험지를 당장 눈앞에서 풀도록 한다. 반강제로 시켰지만 학생은 문제를 풀게 되고, 웬걸! 자신이 문제를 푸는 것을 확인한다. 그제서야 '풀걸 그랬다!'며 대충 본 시험을 후회한다.

문제를 풀다가 틀리는 것은 교정의 기회도 있지만 수학문제를 두려워해서 아예 풀지 않아 아는 것을 틀리는 황당한 일이 있다. 강도는 다르지만 사실은 많은 경우가 풀 수 있는 문제인데도, 단지 두렵거나 풀다가 틀려서 억울하느니 차라리 처음부터 풀지 않고 포기하는 학생들이 의외로 많다. 모르는 문제는 틀려도 되지만 아는 문제를 틀릴 수는 없지 않은가? 그런데 아는 문제인지 모르는 문제인지 어떻게 풀어보지도 않고 알 수 있다는 말인가? 숫자만 바뀐 똑같은 유형이거나 개념을 확실하게 잡은 학생이라면 풀어보기 전에도 알 수 있겠지만, 새로워 보이는 문제는 직접 풀어보아야만 알 수 있다.

수학의 문제는 같은 개념의 문제라도 가면을 쓰고 나타나서 가면을 벗기는 번거로움을 이겨내야 하는데, 문제는 가면을 쓰고 있는 모습이 학생들에게 무서워 보인다는 것이다. 대부분 개념을 잡고, 가면을 벗기면 반갑게도 아는 문제의 모습이 나타날 것이다. 최소한 가면을 벗길 수는 있어야 아는 문제인지 여부를 가릴 수 있는데, 이를 위해서는 가장 필요한 것은 바로 자신감이다.

제대로 해본 적은 있는가?

수학에서 자신감을 갖기는 어렵지만 필요 이상으로 위축받은 학생이 많다. 한 마디로 공부를 많이 한 열등생을 만들어내고 있는 것이다. 그래서 "수학이 너무 어려워요."라고 말하는 학생이 많다. 이런 말을 들으면 몇 가지 되묻고 싶어진다.

첫째, 어렵다고 말하려면 해봤어야 하고 해보지 않았다면 어렵다는 말을 하면 안 된다. 그런데 많은 학생들이 해보지도 않고 주변 사람들에 동조하여 이런 말을 쉽게 한다.

둘째, 만약 노력했다면 어떻게 노력하였는가를 묻고 싶다. 그냥 문제집이나 풀지는 않았는지, 그 문제 속에 있는 개념을 생각해보지 않았다면 그것은 공부한 것이 아니라는 말을 하고 싶어진다.

셋째, 무엇과 비교해서 어렵다는 말인가? 이 질문에 단기간의 노력으로도 성적이 나오는 다른 과목의 예를 드는 학생도 있을 것이다. 그런데 그 과목에 나오는 한글을 읽고 이해하기까지 들어간 시간을 고려하지 않았기 때문이다.

초등학교에서도 한글을 익히면서 수학보다도 더 많은 시간투자와 어려움이 있었지만 항상 지나간 성공은 어렵게 느껴지지 않는다. 무엇이든 처음 배울 때는 힘이 드는 것이고 아직 중학교도 수학을 배우는 걸음마 수준이기에 힘이 드는 것은 사실이지만, 과정이라서 그렇다는 말을 하고 싶다.

수학을 잘하는 아이는 어떻게 자신감을 쌓아 가는가?

어떤 학문도 마찬가지겠지만 수학을 배워가는 입장에서 수학에 대한 자신감을 완성할 수는 없다. 그럼에도 자신감이라고 표현한 것은 자신이 알고 있는 것을 틀릴지도 모른다는 소극적인 마음으로는 정리와 확장이 불가능하기 때문이다. 게다가 자신이 알고 있는 것에 대한 자신감이 없다면, 어떻게 자신 있게 수학문제를 대하면서 아는 것을 적용하겠는가라는 문제의식에서 출발하는 것이라고 보는 것이 맞다. 수학에서 자신감을 갖으려면 뭐니뭐니해도 많은 문제를 풀어 보는 것이라 생각하겠지만, 이것은 자칫 잘못된 출발일 수 있다. 수학을 잘하기 위해 어떻게 자신감을 쌓아갈 수 있는지 그 방법을 알려주겠다. 아마 수학 잘하는 아이들 대부분은 다음과 같은 방법으로 공부를 할 것이다.

첫째, 모든 문제 속에서 개념을 확인한다.

수학은 문제로 말하기 때문에 개념을 배우고 나서 문제를 풀어야 한다. 그런데 공식에 대입하거나 '이렇게 하면 답이 나오더라' 하는 식의 문제풀이는 당장 답은 잘 나오겠지만, 이것은 기술만 익히는 것으로 며칠만 지나도 망각으로 인해 많은 문제풀이가 소용없는 상태가 된다. 문제를 풀 때는 무작정 답을 구하려는 것이 아니라 개념이 어떻게 적용되고 있는지를 하나하나 생각해야 의미가 있는 문제 풀이가 된다.

둘째, 개념이 포괄하는 전체를 인식해야 자신감이 생긴다.

요즘 유형별로 모두 망라했다며 유형별로 문제가 가득한 두툼한 문제집이 나오고 있다. 기본문제를 풀고 나서 다양한 문제의 유형을 접해야 성적이 잘나오는 것은 맞지만, 모든 문제를 다 풀려고 하거나 계속해서 다른 유형만 찾아다니다 지치는 것이 문제다. 그래서 공부를 못하는 아이는 수학이 외울 것이 많아서 싫다고 하고, 공부를 잘 하는 아이는 수학은 외우는 것이 적어서 좋다고 하는 것이다. 게다가 고등학교와 접해있는 최고 난이도의 어려운 문제까지 풀려 하니 어려움만 느껴져 자신감도 함께 잃을까 걱정이 된다.

모든 문제는 질문이고 무수히 물어보는 질문에 답하다 보면 정작 내가 궁금해 하는 것을 물어볼 시간과 여유가 생겨나지 않는다. 그것보다는 같은 문제집을 여러 번 풀면서 유형별로 적당히 문제의 수를 줄이고 개념으로부터 왜 이런 유형이 적용되고 있는지를 생각할 수 있어야 한다.

셋째, 마지막에는 개념을 정리하라.

문제풀이의 목적은 처음부터 끝까지 모두 개념의 강화에 있다. 그래서 문제풀이가 잘 된다 싶으면 마지막으로 해야 하는 것도 개념의 정리다. 필자는 아이들에게 어떤 개념에 대한 문제풀이가 어느 정도되면, 이것을 전체적으로 설명해준 다음 '이것 밖에 없다'는 말을 자주 한다. 물론 수학자가 보기에 다소 위험한 발언일 수도 있다. 그러나 굳이 이렇게 말하는 것은, 이것이 전체라는 것이고 전체를 다 안다면 자신감 있게 문제를 접할 수 있기 때문이다. 또한 수학은 한 번 나오면 계속 사용하는 학문이기에, 정리하고 있지 않으면 다음번에 다시 이 개념을 사용하는 데 걸림돌이 될 수 있기 때문이다.

공부를 못하는 학생은 어느 특정 단원을 열심히 해서 시험을 보고 나서는 안 배운 것이 시험에 나왔다는 푸념을 한다. 그러나 공부를 잘하는 학생은 그런 문제까지 풀어서 점수의 차를 벌려 놓는데, 이것은 안 배운 것이 아니라 이전에 배운 것으로, 정리의 차이인 것이다.

넷째, 모르는 것은 틀려도 좋다는 담담한 마음을 가져라.

그렇지 않은 경우도 있지만 대체로 전교 1등은 수학 100점을 받으려고 안달하지 않는다. 어떻게 보면 미련해 보일 정도로 우직하며 시험에 모르는 것을 틀리거나 맞는다 해도 일희일비하지 않는다. 그렇다고 욕심이 없다는 것이 아니고 모르면 배우면 된다는 생각인 것이다.

원래 수학을 잘 하는 아이들은 첫째, 여유가 있다. 물론 실력이 없으면 여유가 없고 실력이 있으면 여유가 있으니 당연한 말이다. 시험에서 불안해하는 이유는 실력보다 더 많은 점수를 얻으려는 데 있다. 둘째, 문제를 잘 읽고 문제가 무엇을 요구하는지 파악할 줄 안다. 어려운 문제가 있을 때, 답은 못 맞추더라도 최소한 문제가 요구하는 것은 무엇인지 알려고 노력한다. 셋째, 조급해하지 않는다. 다른 과목뿐만 아니라 수학에서 더욱 그렇다. 수학은 과정이 중요하기 때문에 수학을 정말 잘하는 아이들은 절대 조급해하지 않는다.

지금도 많은 아이들이 주어진 문제에 최선(?)을 다해서 풀고 있다. 그러나 자칫 이것이 공부를 많이 한 열등생을 만드는 것은 아닌가 하는 생각이다. 그냥 무조건 문제만 많이 풀다 보면 풀지 못하는 문제가 나오기 마련이고, 그러다 보면 수학의 특성상 자신감을 지속하기 어렵다. 수학을 좀 더 공부해보면 무수히 많은 실패 속에서 겸손을 배우게 되고 많은 선생님들이 수학에서 겸손하기를 요구한다. 그런데 아직 학생일 때는 깨지더라도 패기와 자신감을 갖고 덤벼봤으면 좋겠다.

어떤 문제를 설명하려고 하면 어떤 학생의 경우 "아, 이 문제 저 풀 줄 알아요." 하고 중간에 끊는 경우가 종종 있다. 그러면 필자는 "그래? 그럼 한 번 풀어봐라." 하고 문제를 내민다. 그러나 이렇게 말하는 아이들의 대부분은 그 문제를 풀지 못한다. 그럼 이 학생은 풀 줄도 모르는데 풀 줄 안다고 거짓말을 한 것일까? 아니다. 학생이 문제를 풀 줄 안다고 한 것은 그런 문제를 풀어본 적이 있어서였다. 그런데 풀지 못하는 이유는 푸는 방법, 즉 기술을 잊어버렸기 때문이다.

건방진 자만심과 자신감은 구분해야 하지만 백지 한 장 차이라서 경계가 모호하다. 열심히 노력하면서 자랑하는 것은 괜찮지만 노력도 안하다가 어쩌다 아는 것이 나오면 광분하는 것을 자신감과 구분해야 할 것이다. 열심히 공부하여 자랑도 못하게 하고 겸손하라고만 요구하는 것은 지나치다. 이것보다 문제는, 학생이 쉽다고 시건방을 떨면서 좀 더 어려운 문제로만 곧장 나아가서 개념을 잡기가 어렵다는 데 있다.

수학에서 어려운 문제는 다만 쉬운 개념이 복합되어 있을 뿐이고 어려워져야 비로소 부족한 개념이 드러나는 것이다. 그러나 개념을 익혀서 나름의 전부를 안다고 생각하면 자신감을 갖고 정리를 지속해 나가야 한다. 학생 나름대로 수학을 정리해도 그 안에는 오류를 포함할 수 있다. 그러나 이것이 깨지는 날까지 옳다고 믿고 이것을 수학문제에서 당당히 사용해야 배움이 있다.

7

고등수학을 위해서는 함수를 잡아라

10년도 더 지난 일이지만 머리를 떠나지 않는 아이가 있다. 고입을 앞둔 중3, 12월경에 현준이라는 아이의 엄마를 만났다. 엄마의 말에 의하면 현재 전교 2등 정도 되고, 그 동안 엄마가 하라는 대로 과외와 학원 등을 힘들게 다니면서 잘 버텨왔단다. 고등학교에 들어가면 다시 열심히 해야 하기 때문에 그 사이 잠깐 쉬려고 하는데, 그렇다고 마냥 쉴 수도 없으니 방학 때만 잠깐 가르쳐주되 쉬려는 목적이 강하니 설렁설렁하라는 것이다. 이 말에는 '네가 잠깐 가르치는데 뭔 도움이 되겠냐!'라는 의미를 담고 있기에 기분이 좋지 않았다. 그래도 먼저 아이의 실력을 테스트를 해보았다. 테스트 결과, 방정식은 잘 풀었지만 여기저기 개념은 숭숭 뚫려 있었다. 특히 함수의 개념은 기초가 되어있지 않아 고등수학을 감당하기가 어려워 보였다.

이 실력으로는 아이가 고등수학을 하기 어렵겠다고 하였더니 자식에 대한 프라이드가 강했던 엄마는 "전교 2등이 개념이 안 잡혔다니 말이 되느냐?"며 펄쩍 뛰었다. 마치 필자가 위기의식을 조장한다는 것과 같은 반응이었다. 원래 기분이 안 좋았던 터에 필자의 말도 믿지 않기에 "저는 2달 내에는 부족한 것을 메우도록 하지도 못할 것이며 게다가 제 말도 믿지 않으시니 그냥 하던 것을 계속 하세요."라며 자리를 떠나버렸다. 그 후로 고등학교에서 중간 정도의 성질을 한다는 소식과 함께 과외를 요청해왔지만 역시 거절하였다. 돌이켜보면 그 아이의 장래가 달려있는 문제인데, 내 기분에만 사로잡혀 테스트 당시 엄마를 하나하나 설득하지 못하였던 것이 후회되었다.

비단 위의 경우뿐만 아니라 중학교 전교 상위권이던 아이들의 70%가 고등학교에서 대거 추락한다. 여러 가지 이유가 있겠지만 주로 혼자서 공부하는 힘을 갖추지 못한 것과 수학의 개념들을 정리하지 못하였기 때문이다. 수학에서도 구체적인 수학의 단원을 꼭 집어보면 바로 '함수'라는 단원이다. 이 단원은 중학생 대다수가 놓치고 있으며, 전교 상위권 아이들도 마찬가지여서 역시 개념을 정확하게 잡은 것이 아니라 문제풀이에만 익숙한 것이다.

중학교 교과서에서 함수가 차지하는 분량은 많지 않지만, 한 단원이라고 치부하기에는 고등학교에서 함수는 전체 수학의 80~90%에 해당한다. 고등학교에서 함수라는 이름을 달고 나오는 분수

함수, 유리함수, 삼각함수, 지수함수, 로그함수 등도 많이 있지만 모든 방정식이 함수와 통합되기에 수열, 미적분 등 고등학생들이 공부하는 대부분이 함수다.

중학교에서 함수를 제대로 공부하지 못하는 이유는 첫째, 개념이 아니라 교과서도, 선생님도 문제풀이 위주로 진행되고, 둘째, 교과서의 분량이 적어서 충분한 연습을 해야 하는지에 대한 인식이 적으며 셋째, 중1, 2, 3학년으로 세 번에 나누어 배웠으니 마지막에는 총 정리하는 시간이 있어야 하는데, 이 또한 없었기 때문으로 보인다. 더불어 다소 지엽적으로 보이지만 매년 1학기 기말고사의 시험범위에 아이들이 가장 싫어하는 방정식 활용과 함께 나와서, 상대적으로 쉬운 함수를 등한시 하는 듯도 보인다.

수학의 끝은 함수고 아이가 도달해야 할 최종 목적지다. 함수를 처음으로 배우기 시작하는 중학교에서 개념을 등한시하는 것은 잘못된 첫 단추가 될 수 있다. 전교 1등은 거의 모든 것을 잘해야 가능한 자리인데, 어떻게 함수라는 단원을 놓치고도 그게 가능하냐고 하는 분들도 있다. 상위권 아이들은 상대적으로 방정식을 잘 푼다. 함수를 방정식으로 보면 중학함수는 대입만 하면 거의 대부분 문제가 잘 풀린다. 게다가 대입해야하는 것도 혼동되지 않게 옆에 딸랑 하나 있는데 왜 대입도 못하겠는가? 그래서 문제가 풀리니 함수를 잘한다고 착각하지만 여전히 함수의 개념을 놓친 경우가 많다.

중학교에서 개념을 잘 잡고 이차방정식이나 이차함수에 적용하여 대부분의 문제를 잘 풀게 되면, 아이들은 이차방정식이나 이차함수에 대하여 마치 더 배울 개념이 없는 듯이 생각된다. 그래서 고등학교에서 이차방정식, 이차부등식, 이차함수를 3총사로 부르고, 바로 이것들이 고1수학을 어렵게 한다고 말하면 이해하지 못하는 아이들이 많다. 이들 이차식의 계수에 미지수를 포함하면 당장 함수의 도움 없이는 풀기가 어렵게 된다. 방정식이나 부등식이 어려워서 이차함수를 가지고 왔는데, 만약 이차함수가 잘 안되어 있다면 어떤 도움도 받지 못하니 풀 수가 없거나 어려워지는 것이다.

예를 들어 이삿짐을 날라달라고 친구를 불렀더니 친구가 이삿짐은 나르지 않고, 옛날 이야기나 하자하고 먹는 타령만 늘어놓는 것과 같이 속 터지는 일이다. 많은 고1 학생들이 이차식을 보면 중학교에서 보았던 것이니 나름 처음에는 자신 있게 달려들지만 그 안에 어려움의 크기에 좌절하는 것이다. 차라리 새로이 배우는 것이 어려웠다면 식상하지도 않고 도전의식도 있어서 이만큼 수포자를 양산하지는 않았을 것이다.

수학이나 과학에서 무언가를 배울 때 그것을 표현하는 방법은 대부분 세 종류가 있다. 첫째는 말이나 글로 나타내는 방법(정의)이고, 두 번째는 수식(주로 방정식)이며, 세 번째는 그래프(주로 함수)다. 이 세 가지 방법 중에 최종으로 또는 외부로 정리되는 것은 가장 간단한 하나의 수식만 남는다. 이 수식은 모든 것을 포함하는 함축적인 의미를 담고 있지만, 아는 사람에게만 보인다는 치명적인 약점을 가지고 있어서 수학은 건너뛸 수 없고, 개념을 충실히 잡아야 한다고 말하는 것이다.

수식의 의미를 제대로 알기 위해서는 결국 말이나 글로 나타내어지는 다시 이것을 이미지화하는 그래프의 도움을 모두 얻어야 온전한 의미를 가지고 수식을 대하게 된다. 쉬운 것들이라면 독립적으로도 이해가 가능하겠지만, 만약 고등학교처럼 어려워진다면 이 세 가지를 각각 익히고, 다시 통합하는 과정을 거쳐야만 비로소 의미를 이해하게 된다. 이차식들의 통합이 그냥 각각을 가르치는 것만으로 이루어지는 것은 아니다.

예를 들어 방정식의 정의만 가지고 설명해보겠다. 중·고등학교의 교과서는 '미지수의 값에 따라 참이 되기도 하고 거짓이 되기도 하는 등식'이라고 모든 방정식에 대하여 한 마디로 끝낸다. 그러나 필자는 등식의 종류를 가르치고 나서야 방정식을 '미지수가 있는 등식'이라고 하였다가, 명제를 배우면 교과서처럼 '미지수의 값에 따라 참이 되기도 하고 거짓이 되기도 하는 등식'이라 하였다가, 다시 아이가 배우는 함수와의 관계를 고려해서 '두 함수의 교점의 x좌표'로 계속해서 수정해나간다.

중학교부터 준비하여 고등학교 이차식들의 통합을 대비하려는 필자 나름의 몸부림이다. 쓸데없는 짓을 한다고 생각하는 사람도 있을지도 모르겠지만, 아이가 지나갈 수 있도록 하는 적당한 거리에 징검다리를 계속 놓아주어야 한다고 생각한다.

초등학교에서 분수를 잡지 못하면 중학수학은 끝나며 수학은 항상 다음의 공부를 준비하는 것이라고 하였다. 한마디로 중학교에서 함수를 준비하지 않으면, 일반학생은 물론이고 상위권도 고등수학은 끝난다는 것을 기억하기 바란다.

8

고등수학에 대비하기 위해 최선을 다하라고 하지 마라

다른 과목도 그러하지만 대학에 들어가기까지 수학은 12년을 공부해야 한다. 그런데 10년도 넘게 긴 기간 공부를 해야 하는데, 당사자인 학생들뿐만 아니라 학부모도 어떤 전략도 없이 공부하거나 시키는 경우가 대부분이다. 전략이 없다 보니 취할 수 있는 유일한 한 가지 방법은 '계속 잘하자!'라는 방법뿐이다. 계속 잘하자는 것은 말이 쉽지 거의 실행이 불가능하다. '계속 잘하자'라는 것이 얼마나 무의미하고 취약한지 몇 가지 설명해본다.

첫째, 부모님들이 매사 최선을 다해야 한다고 말한다.

계속 잘하기 위해서는 항상 최선을 다해야 한다고 부모님들이 수

시로 강조하다 보니 학생들도 최선을 다해야 한다고는 믿는다. 주어진 일에 최선을 다해야 한다는 데 누가 시비를 걸겠는가? 문제는 학생들에게 있어서 최선이라는 단어에 대한 눈높이가 점점 낮아진다는 것이다. 최선이란 주어진 환경과 적당하게 타협하는 수준이 아니다. 이것저것을 고려해서 하는 행동은 '최선'이 아니라 '차선'이다.

많은 학생들이 실제로는 차선을 행하면서 말만은 최선을 다하고 있다고 한다. 게다가 12년이라는 절대 짧지 않은 시간을 어떻게 매순간 최선을 다하겠는가? 이처럼 매순간 최선을 다할 수 있다면 성인의 반열에 오를 만한 인품이라고 본다. 그래서 일반사람에게 최선이란 항상 일시적이어야만 실행할 수 있다고 본다.

예를 들어 단기간의 중간고사나 기말고사 시험 때처럼 밥 먹을 시간도 없이 잠도 줄이고, 온통 공부에만 매진할 때를 최선이라고 해야 한다는 것이다. 필자는 학생들보고 특별한 때를 제외하고는 최선을 다하지 말라고 주문하며 대신에 평상시는 좋은 습관을 잡으라고 주문한다.

둘째, 새로운 지식을 습득하는 것만 공부라 생각할 수 있다.

최선을 다하라고 말하는 많은 부모님들은 학생이 해야 할 것을 다하면 놀아도 좋다고 입버릇처럼 말하지만, 결국 아이가 하지 못한 것을 찾아낸다. 부모마다 눈높이의 차이가 크기는 하지만 기본적으로 최선을 다해서 모든 과목을 잘하면 좋겠기에 학생이 노는 꼴을 보기 어렵다. 그래서 차라리 학원이라도 가서 안 보이는 것이 관계에 더 좋다는 말까지 하는 부모가 많다. 의지도 약하고 최선을 다하는 것을 부모에게 보여주는 것이 어렵기에 학생도 차라리 학원에 가서 앉아있는 것이 더 편하다.

그런데 최선에도 결과가 따르는 법, 문제는 성적 등 뭔가 가시적인 성과에만 집착하게 된다는 것이다. 공부란 이미 아는 것을 튼튼히 하거나 새로운 것을 얻는 과정이다. 이 중 성과에 집착하면 못 보던 문제, 새로운 문제집 등 새로운 것에만 마음이 가기 마련이다. 게다가 학원 등 돈을 주고 배우는 곳은 대부분 계속 새로운 것을 가르쳐야 존립 이유가 생기는 곳이다. 그러나 새로운 것도 완전히 새로운 것은 없으며, 아는 것을 바탕으로 좀 더 의문을 갖고 붙여야 하는 작업이다.

모든 배움의 과정은 아는 것을 기본으로 하고 궁금함을 더해서 발전이 이루어지는데, 이런 고리가 끊어져서 완전히 새로워 보이는 것은 의문을 품기보다는 그냥 배워야 하는 것쯤으로 생각되기 쉽다. 원래 많이 공부할수록 궁금한 것은 늘어나는 것이 당연하지만 오히려 많이 공부할수록 궁금한 것이 사라지는 나쁜 습관이 자리하는 것이다. 이렇게 되면 배움은 점점 어려워지고 궁금한 것은 더더욱 없어진다. 궁금한 것이 사라질수록 공부도 같은 운명이 된다.

셋째, 최선을 다했다 해도 결국 지치게 된다.

가르쳤던 중학생들 중에는 누가 시키지도 않았는데 전교 1등을 하며 또한 이를 놓치지 않으려고 매일 새벽 1~2시까지 공부하는 아이들이 여러 명 있었다. 지금 그렇게 열심히 하면 고등학교에 가서 지쳐서 못한다고 말리면, 부모님들은 잘하고 있는 아이를 못하게 부추긴다고 오히려 필자를 제지하였다. 그런데 이들처럼 중학교에서 힘을 다 빼면 고등학교에 가서 지치고 슬럼프에 빠지는 경우가 많다. 중학교에서는 잘했지만 고등학교에서 '공부해야 하는데…….'만 남발하며 무기력한 학생들이 많다.

슬럼프라는 것이 몇 달 가면 저절로 해소되는 줄로 착각하는 사람들이 많은데, 잘못 다스리면 통상 3년은 지속되기 때문에 고등학교 공부를 모두 망치게 된다. 길게 하는 공부는 결국 리듬을 타야하고 그 리듬의 절정을 고등학교에서 맞이하게 해야 한다.

9

고등수학을 잘하기 위한 좋은 습관 5가지

그렇다면 평상시는 어떻게 공부해야 하는가? 한마디로 말하면 '좋은 습관'이라고 할 수 있다. 그런데 평상시에 최선을 다하지 말라는 말은 모든 학생에게 적용되는 것이 아니라, 오해의 소지가 있어 먼저 이 부분을 다루고 나서 좋은 습관에 대해서 말하려고 한다. 특히 현재 공부가 바닥인 학생은 최소 6개월은 최선을 다해야 한다. 이 부분에 대한 사례를 고등학생인 필자의 아들을 예로 들어본다.

아들의 예는 부담이 가는 일이고 자칫 욕먹을 수도 있는 일이지만, 독자들 중에는 필자의 책에서 하는 말과 달리 실제로는 필자가 아들을 엄청나게 공부시키고 있는 줄로 알고 있는 경우가 많다. 그러나 필자의 아들은 지금까지 단 한 차례도 학원에 다니지 않았고, 중학교 때 수학을 제외하고는 공부를 잘하지 못하였다. 못하는 정도가 어느 정도냐면 중3 초에 이대로 가면 인문계 고등학교에 진학할 수 있는 성적에 한참이 못 미칠 정도였다. 그래서 아이와 상의하여 대나무학습법을 시행하자는 데 합의하였다. 원래 대나무학습법—대나무학습법은 필자가 이름을 붙인 반복학습법을 말한다.—은 고등학교에서 한 번만 시행하려고 했는데, 인문계 고등학교의 진학을 위해 어쩔 수 없이 시작하게 된 것이다.

이 학습법을 시작하면서 아이에게 제일 먼저 요구한 것은 수업시간에 이해하고 나서는 외우라는 것이었다. 그 다음에는 영어와 수학을 제외하고 과목당 한 권의 기본서를 시험기간의 공부를 포함하여 5번 반복하도록 하였다. 그랬더니 아이는 성적향상 장학금을 받았으며 원하는 인문계 고등학교에 진학할 수 있었다. 안하던 암기 공부를 갑자기 하는 것은 엄청난 고통이 따르기에, 필자는 아이 생애 처음으로 최선을 다하라고 주문을 하였었다.

공부를 하는 것은 한번 성적이 오르기 어렵지 그 다음부터는 큰 고통이 따르지 않는다. 궤도에 오르면 좋은 학습법과 좋은 습관을 기르려고 해야 한다. 좋은 습관이라는 것도 폭이 넓어서 그 범위를 축소하여, '중학교에서 좋은 습관'이라고 하면 고등학교 공부에 도움이 되는 것을 의미한다. 여기에서는 이를 바탕으로 5가지 조건에 대해 언급하겠다.

① 수업시간에 이해하고 외운다. (머리의 활성화)

② 수학은 조금씩 매일 해야 한다. (성실성)

③ 게임이든 공부든 한 번 시작하면 2~3시간 연속으로 할 수 있어야 한다. (집중력)

④ 책을 읽을 때는 정독을 해야 한다. (사고의 확장)

⑤ 어제보다 조금은 나아졌다는 생각이 들도록 해야 한다. (반성)

이해와 암기를 통한 머리의 활성화, 개념을 바탕으로 하는 수학적 지식과 성실성, 2~3시간을 연속해서 공부할 수 있는 집중력, 궁금함을 바탕으로 사고를 확장해 나가려는 마음가짐과 반성이 있다면 고등학교에서는 기본적으로 공부를 잘할 것이며 여기에 올바른 공부법을 추가 한다면 최고의 대학에 진학할 수 있을 것이다.

위 다섯 가지 중에 '④ 책을 읽을 때는 정독을 해야 한다'는 말이 이해가 안 될 수 있겠다 싶어 부언한다. 보통 전문가는 책마다 특성이 있어 정독과 속독을 해야 하는 책이 다르다고 말한다. 그러나 이것은 최종 도달지이고 학생은 아직 과정에 있다. 따라서 정독을 먼저 습득하고 나서 속독을 배우면 정독과 속독을 적절히 자신의 의지에 따라 사용할 수 있다. 그런데 속독에 먼저 길들여지면 정독을 익히기가 무척 어렵다. 또한 정독할 수 있는 책을 읽었으면 좋겠다는 필자의 욕심이 담겨 있기도 하다.

이 다섯 가지가 자라고 있고 어느 정도 습관이 된다면 설사 당장 공부가 부족하다 할지라도 고등학교에 가서 잘할 수 있을 것이다. 그런데 만약 역으로 학원이나 과외의 힘으로 당장 공부는 잘하지만, 습관이 잡히지 않았다면 혼자 공부해야 하는 고등학교에서도 잘할 거라는 기대나 장담을 해서는 안 될 것이다.

공부하는 힘을 가지고 있으며 이미 공부를 잘하는 아이를 위해서 한 마디만 한다. 입시는 것은 마라톤과 무척 비슷하다. 다른 운동경기들과 마라톤을 비교할 때, 가장 큰 차이는 모든 운동선수가 참여하는 단 한 번의 경기를 통해서 1등부터 모든 순위가 결정이 난다는 것이다. 리허설이나 예선이 없기 때문에 연습도 할 수 없다. 처음 출전하는 아마추어 선수는 무조건 열심히만 하려다 대부분 지치거나 포기하지만, 프로 선수는 전략을 가지고 임한다. 그래서 마라톤 경기를 보면 우승을 하리라고 예상하는 선수가 처음부터 최상위권으로 나서지는 않는 것을 볼 수 있다.

중학교는 마라톤으로 보면 반환점을 막 지났거나 돌고 있는 지점이다. 반환점도 역시 최상위권으로 나서는 지점이 아니다. 다만 선두 그룹을 유지하면서 힘을 비축해야 할 때다. 아마도 선두그룹을 유지하면서 어떻게 힘을 빼지 않을 수 있느냐고 하는 사람이 많을지도 모르겠다. 상위권이라면 좀 더 잘하려 하지 말고 힘을 비축하였다가 고등학교에서 최선을 다할 준비를 하라. 수학도 마라톤과 같아서 뒷심 좋은 사람이 유리하다.

4

내신 1등급이 수능 3.5등급, 수학에 올인하라!

0

고등수학에 모든 시간을 투자하라

고등학교에 진학하게 되면 그 동안 놀았던 아이들도 이제부터는 열심히 하겠다는 마음가짐을 새롭게 한다. 그래서 그 마음이 가상해서 필자는 넌지시 묻는다.

"그래서 어떻게 열심히 할 건데?"

"그 동안 중학교에서는 예습, 복습을 제대로 안했지만 이제부터는 밀리지 않고 그날그날 진짜 열심히 할 거예요."

"어떤 과목을?"

"어떤 과목이라뇨? 당연히 모든 과목이지요."

중학교에서는 의지가 부족하여 실행하지 못했지만 이제 고등학교에서는 제대로 해보겠다는 말이다. 이런 아이들이 99%는 되는 것 같다. 그런데 중학교에 비해서 고등학교 수업의 진도는 엄청나게 속도가 빠르고, 해야 할 공부의 분량이 많아진다는 것을 안타깝게도 아이들은 모르고 있다. 그래서 처음에는 예습과 복습 중에 하나를 포기한다. 그러다가 포기하지 않은 남은 하나마저 위태롭게 된다. 의지라는 것이 갑자기 끊임없이 샘솟는 것이 아니기 때문에 대부분 실행을 못한다. 그래도 성실성과 의지를 갖춘 몇 명의 아이들은 오랫동안 예습, 복습을 해가며 상위권을 유지해가지만 문제는 여기까지라는 데에 있다.

중학교와 달리 고등학교는 경쟁자가 교내에 있는 것이 아니다. 어느 학교나 내신 1등급은 있지만 서울대에 한 명이라도 보내는 학교는 700여 개에 불과하다. 일반학교 내신 1등급의 학생들이 수능평균 3.5등급으로 대부분 상위권 대학에 가지 못하는 사실을 직시해야 한다. 참고로 서울 안의 대학에 진학하기 위해서 수학은 2등급 이상이어야 한다는 것을 말해주고 싶다.

앞에서도 언급했지만 고등학교는 공부의 분량이 많아 단순히 의지만 높아 많은 시간을 투자하는 것만으로는 해결되지 않는다. 단순하고 분량이 많지 않은 것은 비효율적이라 해도 상관이 없지만 그것이 어렵다면 전략적인 접근을 해야 한다. 앞으로 바뀔지도 모르겠지만 수능에서 보는 시험과목은 국어, 영어, 수학, 탐구 두 과목 그리고 한국사다. 1, 2, 3학년에 따라 이들 과목에 투자해야 하는 기간 안배나 집중도를 고려해야 한다. 많은 사람들이 영어와 수학을 강조하는데 적어도 이들 과목이 갖는 분량의 비중을 알아야 안배가 가능할 것이다.

비록 상대적이겠지만 수학이라는 과목과 다른 과목을 '대나무학습법'으로 한 번 끝내는 시간을 단순 비교해보았다. 수학이 아닌 대부분의 과목은 하루에 5시간을 확보했을 때, 대나무학습법으로 일주일이면 대부분 한 과목이 끝난다. 반면 수학은 처음 1권을 끝내는 데 1달 반에서 2달 가까이 걸린다. 그런데 수학은 문과의 경우 4권이고, 이과의 경우 6권으로 되어있다. 따라서 이과의 경우 수학 전체를 한번 끝내는 데만 거의 1년 가까이 걸린다는 말이 된다. 다시 주 단위로 비교하면 다른 과목은 1주일, 수학은 50주가 걸린다는 것이며, 다른 과목은 하루에 5시간만 투자했으니 단순 계산만 해도 답이 나온다. 필자가 집필한 『수능시험 만점공부법』 공부법이 대나무학습법을 적용한 책이다.

정확한 것은 아니지만 문과의 경우 수학이 다른 과목의 50배, 이과의 경우 다른 과목의 100배에 이르는 분량이다. 문과도 분량이 많지만 이과는 거의 살인적인 분량이라 할 수 있다. 이 정도면 비중이 문제가 아니라 고등수학에서 대부분의 시간을 수학에 투자하지 않고서는 답이 없다.

많은 성생님들이 1~2학년에는 영어와 수학에 집중하고, 나머지 과목은 3학년에 가서 해결하면 된다는 말씀을 한다. 그런데 구체적으로 얼마나 공부해야 하는지에 대한 제시는 없는 것 같다. 그리고 모범생일수록 학교생활을 하게 되면 숙제 등 잡다한 것에 매달리게 되어 중요한 것에 대한 안배를 놓치게 될 우려가 높다.

필자 역시 고등학교에 진학하는 아이들에게 최소 6개월 전부터 세뇌가 되도록 "고등학교에 가면 수업시간 외의 모든 시간에는 모두 수학공부를 해야 한다."며 수학에 투자하라는 말을 한다. 그러면 아이들이 이구동성으로 "다른 과목은요?"라고 묻는다. 다른 과목은 알다시피 공부할 시간이 없기에 수업시간에 이해하고 외워서 마무리해야 한다. 그리고 시험 전 일주일부터 벼락치기를 한다 해도, 수업시간에 외운 학생이 더 많은 시간의 시험공부를 하는 학생보다 성적이 더 높게 나온다는 말도 해 준다.

필자가 말하는 대로 수학에 투자하지 않고 다른 과목들을 병행하는 학생들이 1~2학년의 내신에서 더 높은 점수를 받을 수도 있다. 또 어떤 학교 선생님들은 아예 대놓고 너희는 어차피 수능점수가 잘 나오지 않을 것이니, 내신을 잘 준비해서 대학을 가라고 말씀을 하신다. 그러나 수능점수는 좋지 않은데 내신만 좋으면 갈 수 있는 상위권 대학은 없다. 선생님들의 이 말은 좀 더 정확하게 말하면 중·하위권 평균 학생들을 위한 말인데, 이것을 오해하면 선의의 피해자가 나올 수 있다. 게다가 이 말은 자기 자신에게 화살이 돌아가 자신은 수능을 잘나오게 가르치지 못한다는 말이 될 수 있음을 왜 간과

하는지 모르겠다.

그러나 우리가 준비해야하는 시험은 내신이 아니라 수능이라는 점을 잊지 말기 바란다. 학교에서 요구하는 대로 차곡차곡 내신을 준비하다 보면 나중에 수능도 저절로 잘 나올 것이라 생각하는데, 그것은 착오다. 내신과 수능을 준비하는 방법 자체가 다르다. 내신을 대비하면 수능이 잘 나오지 않지만 수능을 위주로 하였을 때, 다소 시차가 발생하겠지만 결국 내신도 잘 나오게 된다.

필자가 현실적으로 말하지 않고 상위권만 얘기한다고 오해하고 불만을 가진 독자도 있겠다. 필자에게는 상위권으로 가게 하는 것이 목적이기 때문이다. 성적이 바닥이든 중위권이든 현재가 중요한 것이 아니라, 앞으로 가야 할 길이 중요하며 최소한 갈 수 있는 길은 제시해야 한다고 믿는다.

고등학교에 놓인 가장 큰 난제인 수학을 해결한다면 얼마든지 수직 상승을 이루어 낼 수 있다. 많은 사람들이 고등수학의 중요성을 말하지만 구체적인 수치로 얘기하는 사람은 없었다. 필자가 감히 말하건대, 고등학교 전체공부의 80%를 수학에 집중해야 한다. 그것도 부족하다면 나머지 20%도 아낌없이 투자해야 한다. 그래도 다행인 것은 수학이 중요하다는 말은 많지만 많은 사람들이 이만큼 많이 해야 하는지를 모르는 것 같으니, 아직 기회가 있다는 것이다. 우리 앞에 놓인 가장 큰 장애물은 현재의 안 좋은 상황이 아니라 항상 자신의 마음에 그은 한계 때문이다.

고등학교 부모는 멘토로 변신하라

한국개발연구원(*KDI*) 김희삼 연구위원이 2007~2008년 국가 수준 학업성취도 조사, 2005~2007년 한국교육종단연구의 중학생 패널자료, 2005~2010년 한국교육고용패널 부가조사 자료를 분석하여 만든 「학업성취도, 진학 및 노동시장 성과에 대한 사교육의 효과분석」이라는 보고서를 냈다. 이 보고서에 의하면 2005학년도 수능 응시자 성적과 사교육 경험의 상관성을 분석했더니, 고3 때 사교육비로 월평균 100만 원을 쓴 경우, 수리와 외국어 영역에서의 백분위가 각각 0.0007% 오르는 효과만 있었다. 당시 응시자가 61만 명으로 따지면 전국 등수가 겨우 4등쯤 올랐다는 뜻이다. 언어 영역도 0.0002%로 거의 미미했다.

반면, 고3 때 매주 혼자 공부한 시간이 '3시 간 미만'일 때와 비교해 수리 영역의 백분위는 3~20시간일 때 11~14%, 20~30시간일 때 19~20%, 30시간일 때 27% 상승한 것으로 분석됐다. 주 30시간 이상 혼자 공부한 집중력이 있는 학생은 수리영역 전국 등수를 16만 4,000여 등 끌어올린 셈이다. 또한, 부모의 가치관이 성적보다 '올바른 성품'을 중시하는 경우에 오히려 성적이 높았다.

김희삼 연구위원은 학부모들이 사교육에 대한 태도를 바꾸지 못하는 요인으로 사교육 효과에 대한 막연한 기대, 일부 성공 사례의 과도한 일반화, 불안감을 조성하는 학원의 마케팅 전략, 주변 사람과 경쟁의식 등을 꼽았다.

필자는 종종 고등학생 학부모들이 아이의 공부 상담을 하는 경우가 있다. 여기에는 필자의 책을 사 본 독자들도 있다. 그런데 아이의 상황에 대해 자세히 설명하는 부모님일수록 아이와 관계가 좋은 경우다. 그래도 아이와 좋은 관계를 유지하기에 이렇게 멘토 역할을 할 수 있게 되었다고 말씀 드리면, 다들 공감하며 주변에서는 아이와 대화 자체가 되지 않아 속을 끓이는 사례들을 말씀해 주신다. 그래서 초·중학교에서 성적을 좀 더 올려보려고, 아이와 실랑이 하다가 아이와의 관계가 나빠지도록 하면 절대로 안 된다고 한 것이다.

학부모라면 모두 아는 사실이지만 고등학교는 아이에게 정말로 중요한 시기다. 아이가 온 힘을 다하여 공부에 매진 할 수 있도록 부모는 아낌없는 지원과 조언을 할 수 있는 멘토가 되어야 한다. 부모가 멘토가 될 수 있는 몇 가지 방법을 알려주겠다.

첫째, 끊임없는 신뢰를 보여주어라.

공부도 감정이 하는 것이니 아이에게 신뢰를 주어야 한다는 말은 너무나 당연해서 부연 설명이 필요 없을 것이다. 대신 사회과학의 역사상 가장 야심 찬 연구 중 하나인 하와이의 '카우아이 섬의 종단 연구'를 소개한다.

1950년대 인구 3만 명의 이 섬은 가난과 질병에 주민 대다수가 범죄자나 알코올 중독자 혹은 정신질환자였고, 학교 교육이 제대로 이루어지지 않아 청소년 비행도 심각한 수준이었다. 이 섬에서 태어난다는 것은 마치 불행한 삶을 예약하는 것과 다름없었다. 연구자들은 1955년에 카우아이 섬에서 태어난 신생아 833명을 대상으로, 이들이 어른이 될 때까지 추적 조사하는 대규모 연구 프로젝트에 착수하였다. 오랜 기간 많은 시간과 돈을 투자하여 얻은 연구 결과는 나쁜 환경이 나쁜 결과를 만들어낸다는 상식에서 크게 벗어나지 않는 것이었다.

그러나 실험은 나쁜 환경에도 불구하고 성공할 수 있는 원인을 찾는 데 주목했다. 833명 중에서도 가장 열악한 환경에서 자란 201명을 고위험군으로 분류했다. 그런데 이 201명의 고위험군 중 $\frac{2}{3}$는 문제를 일으켰지만, $\frac{1}{3}$에 해당하는 72명은 아무런 문제도 일으키지 않았으며, 심지어 좋은 환경에서 자라난 아이보다 더 모범적으로 성장했다. 과연 이 72명을 이끈 힘은 무엇이었을까? 연구결과는 바로 '인간관계'였다. 어려운 환경에서도 제대로 성장한 아이들의 공통점은, 그 아이의 입장을 무조건 이해해주고 받아주는 어른이 부모가 아니더라도 반드시 한 명은 아이 곁에 있었다는 점이다.

언뜻 들으면 별 거 아닌 거라 생각할 수 있다. 그러나 어떤 상황에서도 아이 편에서 무조건 믿어주고 응원해 주면서 기다려줄 수 있는 부모님이 얼마나 될까? 그 한 사람만 있으면 아무리 끔찍한 일이라도 견딘다는 것을 이 연구결과는 말해주고 있다. 많은 여자들은 남들의 지난 과오를 잊지 않고 일일이 열거할 수 있는 우수한 두뇌를 자랑한다. 아이가 잘못한 것에 대한 지적을 안 할 수는 없겠지만, 그러나 엄마라면 아이의 지난 잘못은 의도적으로 잊고 계속된 신뢰와 믿음을 주어야 할 것이다.

둘째, 든든한 후원자가 옆에 있음을 느끼게 하라.

감정은 주인이고 지성은 봉사자라고 아인슈타인도 말하였다. '마음먹기 달렸다', '생각하기 나름이다'라는 말처럼 결국 공부도 감정이 시켜야 한다고 생각한다. 초·중학교와 달리 고등학교에서는 사실 부모가 아이에게 해줄게 별로 없다. 과외나 학원 등을 도와줄 것은 없는지 아이에게 물어보고 대학 입학전형을 찾아 읽고, 아이에게 도움이 되는 학습법 책이나 교재를 대신 사주고, 아이의 시간을 절약해 주려는 노력을 기울이면 된다. 그런데 부모가 혼자서 하는 일이 아니라서 아이에게 도움이 되는 것을 물어서 해주려고 하면, 대부분 아이가 알아서 하겠다는 대답이 돌아올 것이다. 결국 부모가 실질적으로는 할 것이 별로 없어 따뜻한 말 한 마디가 전부일 수 있다. 중요한 것은 부모가 아이를 도와주려 한다는 마음이 전달되면 된다. 아이에게 가장 필요한 것은 부모의 이런 마음을 느끼는 것이다.

셋째, 아이가 어려워 할 때 멘토의 역할은 빛을 발한다.

아이의 학습성장은 거대한 계단식으로 이루어진다. 따라서 열심히 해서 성적이 올라간다 해도 다음 번 성적을 위해서 성장이 멈춘 상태가 온다. 그런데 이때 자칫 아이에게 슬럼프가 올 수 있다. 보통 중학교에서 전력 질주한 아이는 고1에서 많이 오고, 고1~2에서 열심히 한 학생은 고3에 나타난다. 그런데 아이도 엄마도 슬럼프가 오면 며칠 아니 몇 달이면 지나갈 것이라는 착각을 한다. 그러나 안타깝게도 피곤과 슬럼프는 다르다. 슬럼프가 왔는데 일시적인 피곤쯤으로 착각하여 처방을 내리면 곤란하다. 슬럼프를 잘못 다스려서 3년 가는 경우를 봤다. 3년은 황금 같은 고교시절을 날려버릴 수도 있다.

슬럼프는 성적이 오르는 상황에서는 절대 오지 않는다. 성적이 오르는 상황에서는 피곤에 적절한 휴식을 취해주면 좋다. 그러나 성적이 오르지 않는 상황에서 피곤함이 겹쳐서 무기력해지는 것 같으면 슬럼프를 의심해야 한다. 슬럼프를 가장 빠르게 극복하는 방법은 잔인하게 들릴지는 모르겠지만, 그 자리를 지키는 것이다.

유명 스포츠인들도 여러 번의 슬럼프를 거쳐서 그 자리를 지킬 수 있었는데, 그들 역시 슬럼프가 왔을 때 평소 연습량을 늘리며 피눈물 나는 노력을 했다고 한다. 만약 이때 그 상황을 피하려 했다면 슬럼프는 3년을 가기에 아마 그 유명인은 우리 앞에서 사라졌을지도 모른다. 슬럼프가 왔다면 아이와 함께 다시 상승곡선을 그리기 위한 슬럼프의 본질을 정확하게 인식하고, 아이가 끝까지 자리를 지킬 수 있도록 독려해주며 같이 아파하고 같이 어려워하며 같이 이겨내야 할 것이다.

넷째, 대학교에 가서 또 열심히 하라는 말을 하지 마라.

부모는 지금의 공부도 어렵지만 앞으로 아이의 인생에서 더 어려운 일이 닥칠 수 있다는 것을 안다. 공부의 중요성을 강조하기 위해서 취업난 등 대학 이후의 것을 너무 적나라하게 말할 필요는 없다. 설사 들을 때는 몰랐다 해도 공부하다가 어려움에 처해졌을 때는 '이것도 어려운데 다음에 더 어려운 것이 또 있다고?'처럼 오히려 아이에게 첩첩산중처럼 느낄 수 있다. 비록 단기전략이기는 하지만 사막에서 오아시스가 유일한 희망이듯, 대학생활의 낭만 등을 말해주는 것이 좋다.

매년 고등학교 진학을 앞둔, 가르치는 아이의 일부가 고등학교 공부의 포기를 선언한다. 생각해보면 고집 센 고등학교 아이들을 설득할 수 없었던 것 같다. 부모와 필자의 설득에도 꿈쩍하지 않고, 올해도 한영(가명)이라는 아이가 대충 살겠다며 버티는 통에 글을 쓰고 있는 지금도 머리가 지끈지끈 아프다. 행복은 성적순이 아니라고 말하는 이들 중 누구도 그 말에 책임지지 않는다. 인생에서 공부가 다는 아니지만 특별한 재능이 보이지 않는 상황에서, 공부란 가장 확률이 높은 도구다.

원래 필자는 공부가 중요하다는 것을 몇 년에 걸쳐서 아이에게 세뇌시킨다. 그런데 한영이의 누나가 3년 터울인데 고등학생이다. 아무래도 그 아이에게 집중하느라고 미처 신경을 쓰지 않은 필자의 탓인 것만 같다. 선무당이 사람을 잡는다고 정체성이 확립되는 이 시기의 아이들 고집은 그야말로 막무가내라서 꺾을 수가 없다. 아이가 잘못된 결정을 내리기 전에 미리미리 선수를 쳐야 하지 않을까 생각한다. 그런데 고집이 세다는 것은 역으로 공부의 동력으로 사용하였을 때, 그 힘 역시 세다고도 할 수 있다. 현명한 부모의 처신이 기대되는 대목이다.

2

고등수학, 고1이면 마지막 기회는 있다

공부하는 시간보다 더 많은 시간을 번민하는 학생이 있다. 적을 미워하는 것은 적을 더 강하게 만들 뿐이다. 증오를 통하여 적을 이기는 경우는 없었다. 고1이면 비록 어렵지만 최선을 다해서 수학을 공부했을 때, 중학교의 부족부분을 메울 수 있는 시간이다.

개편된 고등학교의 수학Ⅰ과 Ⅱ는 중학교의 이차방정식과 이차함수를 잘 할 줄 안다는 가정 하에 진행되는 과정이다. 그런데 일부 학생들은 중학교의 인수분해가 무척 서투르다. 또는 잘하는 것이 아니라 단지 할 줄 아는 수준에 그쳐있는 경우가 많다. 분수의 셈이 느리거나 이차방정식에 익숙하지 않다면 하루 종일 푼다고 해도 많은 문제를 풀지 못할 것이다. 그런데 어떤 학생도 하루에 푼 문제가 10~

20문제 안팎일 때, "하루 종일 열심히 수학공부를 했는데 안 된다!"고 하지 "나는 20문제밖에 풀지 못했기 때문에 많이 푼 것이 아니다."라고 하지는 않는다. 20문제 정도라면 잘하는 학생이 1~2시간 만에도 끝낼 수 있는 시간이다. 잘하는 아이가 1~2시간 만이면 풀 문제를 하루 종일 풀고서는 열심히 했는데 안 된다고 자기 자신을 변호하기에 바쁜 것이다.

자신의 부족부분이 무엇인지 알아야 하고 부족하다면 좀 더 많은 시간을 투자해서라도 해결해야 한다. 매일 고등학교 문제를 풀면서 중학교의 부족부분을 보완해야 한다. 잔인하게 들릴지 모르겠지만 옛날에 놀아서 생긴 일이니 자업자득이라고 생각하고 자신을 추스를 수 있어야 한다. 다음은 고등수학을 따라가지 못한 아이를 위한 몇 가지 조언이다.

첫째, 중학교의 이차방정식 문제를 매일 반복하여 빨라질 수 있게 해놓아야 한다.

기본적으로 이차방정식의 풀이를 잘못하거나 느리다면 아무리 열심히 하여도 기본점수 이상을 받기가 현실적으로 어렵다. 먼저 중3에서 공부한 이차방정식 문제를 종류별로 선정한다. 그런 다음 10~15개 정도를 고등학교 수학문제를 풀기 전에 워밍업처럼 생각하고 매일같이 풀어라. 웬만하면 눈으로 암산이 될 때까지 연습을 해야 할 것이다. 그런데 중학교 개념이 많이 부족하다면 필자의 『중학생을 위한 7가지 개념수학』을 참고하여 이차식의 생성 원리를 익히는 것이 필요하다. 물론 시중에 나온 책 중에서 쉽게 설명한 책이 있다면 그 책을 보는 것도 좋다.

둘째, 이차방정식이 힘들다면 이차함수도 어려울 것이다.

이차함수가 어려우면 1학기 중간부터 어렵겠지만, 갈수록 이차부등식과 이차함수를 다루면서 죽음의 레이스가 될 것이다. 틈틈이 중학교 함수 부분을 이차방정식이 익숙해지는 대로 공부해야 한다. 실제로 함수는 중학교 때 공부를 잘했다고 스스로 생각하는 학생들 중에도 부족한 경우가 많다. 이 경우 중학교의 수학문제집이나 책으로 1~3학년의 함수만 골라서 봐야 한다. 실력이 많이 떨어지면 『중학수학 만점공부법』을 보고, 만약 정리가 필요한 정도라면 『중학수학 개념사전 92』를 보도록 권하고 싶다.

함수는 수학의 최종 목적지로 적어도 고등학교 수학의 80% 이상을 차지하는 단원이다. 함수란 이름으로 나오는 단원도 많지만 함수가 아닌 곳에서도 문제를 이해하고 푸는 데 핵심적인 역할을 한다. 함수에서의 개념은 하나하나가 모두 중요하다고 보고 허투루 다루지 않도록 해야 할 것이다.

셋째, 당장은 공부한 만큼 성적이 오르지 않는다는 것을 미리 기억하라.

기본서를 한 권만 반복하라고 했다. 그런데 이것도 어렵고 버거운 학생이 많다. 한꺼번에 모든 문제를 풀지 못할 것 같으면 먼저 홀수 번째 문제나 짝수 번째의 문제만 푼다면, 교재의 양을 절반으로 줄일 수 있을 것이다. 문제는 계속 반복해야 하는데 이때는 만약 홀수 번째 문제를 처음에 풀었다면 계속해서 홀수 번째만을 푼다. 그래서 홀수 번째의 문제가 쉬워졌을 때 비로소 짝수 번째의 문제를 푸는 것이다. 물론 짝수 번째도 쉬워질 때까지 반복해야 한다.

그런데 이렇게 했을 때 최소 세 번 이상을 반복하기 전까지는 그날이 그날 같고 효과가 없어 보인다는 것이다. 기간으로 보면 최소 6개월 이상 지속해야 효과가 나타나며 제대로 된 공부였다면, 그 상승폭은 가파를 것이다. 한 문제 한 문제를 푸는 것이 마치 의미가 없는 일처럼 보일지라도, 수학은 성실과 끈기를 다해 공부했을 때 그 어느 학문보다 배신하지 않는다.

개념을 잡기 위해 하나하나 생각하는 일이 마치 멀고 먼 길을 돌아서 가는 듯이 보여도 그것이 수학을 정복하는데 가장 지름길임을 알아야 한다. 그런데 문제를 풀 수 있는 것도 중요하지만 빠르게 푸는 것 역시 중요하다. 간혹 문제를 보면 풀 수 있다고 하고 역시 풀기도 하지만 오래 걸리면서 이런 말을 하는 경우가 있다. 개념을 잡아가며 푼다 해도 오래 걸린다면 연습부족으로 봐야 한다.

빠르기가 반복을 통해서 해결되기도 하지만 어려운 문제는 단지 몇 번의 반복만으로는 빨라지지 않는다. 어려운 문제도 2~3분 내에 풀 수 없다면 완전히 자기 것이 아니라고 생각해야 한다. 또한 어려운 문제를 해결하기 위해서는 여유를 가지고 풀어야 하지만, 정형화된 식에서 계산이 느리거나 틀려서는 대책이 없다. 적어도 쉬운 계산 문제는 얼마나 빠르게 푸는가를 항상 체크해야 한다. 계산이 느리다면 실전에서 시간부족을 의미한다. 그러면 쉬운 문제 자체가 문제가 되는 것이 아니라 시간을 써야만 하는 어려운 문제에서 부족한 시간 때문에 당황하여 풀 수 있는 문제를 놓치게 된다.

3

고1 수학은 기본서, 해답을 보더라도 스스로 하자

모든 초·중학교 수학의 목표는 고1이라 하였다. 고등학교 수학의 심정적인 포기는 먼 훗날 고2, 고3이 아니다. 바로 고등학교 1학년 1학기, 그것도 중간고사를 보고 심정적으로는 판가름 난다. 중학교와 달리 열심히 했는데 어렵고 점수가 형편없기 때문이다. 고등학교에서 수학을 포기하는 것은 나름 열심히 했는데도 안 된다는 생각에 그 어느 때보다 심각하다. 그리고 그 포기가 가져오는 불이익이 엄청나기에 차일피일 미루기만 하고 그렇게 시간만 가는 경우가 많다.

실제로 포기는 고3에서 지금 공부해서 성적을 올릴 수 없으니 다른 암기 과목에 집중하자는 차선인 것처럼 위장된다. 비록 쉬운 방법은 아니지만 어려움을 극복하는 방법을 차근차근 설명한다.

중학교 3학년 겨울방학 때 기본서를 사 주어라

미리 공부한 아이들도 있겠지만 고등학교 1학년 수학의 첫 시작은 대개 중3의 12월쯤부터다. 가장 먼저 아이에게 기본서를 사주어야 한다. 기본서는 아무거나 선정해도 되는데 남들이 많이 선정하는 책 중에서 아이가 마음에 들어 하는 것을 사주면 된다. 이 책만 계속 반복해서 여름방학 이전까지 10회를 채우는 것이 목표다.

처음에는 한 주에 60쪽 정도를 풀어야 1회에 1달 반 정도가 소요된다. 그런데 이 책을 처음 풀어 나가라고 하면 중위권이든 최상위권이든 모든 학생들이 풀다가 너무너무 어렵다거나 이해가 안 된다고 할 것이다. 그래서 이때 아이들은 학원을 보내달라고 하거나 인터넷 강의(이하 인강), 또는 과외 등을 시켜달라고 하는 경우가 많다. 그러나 안 된다. 절대 그렇게 해서는 안 된다. 만약 문제를 풀다가 어려워서 한 5분 생각한 뒤에도 안 된다면 곧바로 해답지를 보아야 한다. 이해하고 다시 해답지를 덮고 다시 풀어서 맞으면 넘어가야 한다.

해답지를 보고도 이해가 안 된다면 필자의 책 『고등수학 만점공부법』 시리즈에서 해당부분을 참조하라고 하기 바란다.

10회 반복,
인강이나 강의 듣지 않기, 해답지 보기

위에서 설명한 것 중에 많은 분들이 이해가 안 되는 부분이 있을 것 같아, 하나하나 설명한다. 대부분 10회 반복, 인강 등 강의를 듣지 않기, 해답지 보기 등의 세 가지가 이해가 안 된다는 부모님이 많아 그 세 가지에 대해 설명한다.

첫째, 한 문제집을 3회도 아니고 10회씩이나 반복하라고?

공부 좀 한다는 일반 학생들에게 반복의 경험을 물었다.

"최대 3번까지 반복해본 적이 있는데 더 이상은 지루해서 못 하겠어요."

이렇게 말하는 학생이 가장 많다. 그러니 5번도 많다고 느낄 것이다. 그런데 5번 정도는 영재 이상의 학생에게나 해당한다. 2~3회 반복은 천재, 7~8회는 영재들이 반복해야 하는 수준이다. 그런데 아이들이 2~3회 하고 안 된다고 푸념하는 것은 자신을 천재로 착각하는 것이다. 2~3회는 겨우 이해하여 단기기억 저장장치에 들어가 있기 때문에 언제 잊어버릴지 모르는 수준이고, 이것을 머리는 아직 장기기억으로 가지고 갈지에 대해서 결정도 하지 않은 미미한 상태라는 것이다.

자신의 두뇌를 스스로 통제할 수 있다고 믿으면 안 된다. 게다가 천재나 영재가 아닌 일반학생은 얼마나 반복해야 하는지에 대한 통계조차 없다. 그래서 반복은 무조건 10회가 넘어야 한다. 만약 자신이 머리가 좀 나쁘다고 생각하는 학생은 더 많이 반복해야 한다는 것을 명심하자. 다시 언급하겠지만 고3에서 고1 수학을 다시 해야 하느냐 말아야 하느냐를 고민하는 것을 보았다. 그것은 고1 수학을 여러 번 반복하지 않았기 때문이다. 기본서를 10번 반복하지 않고는 상위권 대학에 갈 생각도 하지 말라는 것이 필자의 주장이다.

반복하는 것이 정말 싫을 수 있다. 창의력을 중시하는 현대사회를 반영하듯 반복이라는 말을 필자도 학생들이 싫어한다는 것을 안다. 그러나 기억을 저장하는 방법으로는 감동과 반복이라는 두 가지 방법 밖에 없다. 수학은 문제를 풀면서 감동 받기가 어렵기 때문에 현실적인 공부법은 반복밖에 남지 않는다. 그래서 반복이라는 말을 극도로 싫어하는 사람조차 결국 반복이라는 방법을 사용하게 된다.

예습, 수업, 복습, 인강, 개념노트, 오답노트, 다른 문제집 풀이 등은 돌려 말하고 있지만 모두 반복의 또 다른 이름에 불과하다. 같은 개념의 문제라도 여러 가지 문제를 풀어봄으로써 지루함을 달랠 수 있고 응용력도 키울 수 있다고 말할지도 모른다. 부분적으로는 맞는 말이지만 가장 효율적인 것은 아니다. 이것은 걸음마도 안 뗀 아이가 철인경기를 준비한다고 진흙에서, 모래에서, 물속에서 등 다양한 곳에서 달리기를 시도하고 있는 것과 같다. 가장 효율적인 방법으로 기본실력을 기르고 나서 여러 가지 문제를 통해서 응용력을 길러야 한다는 말이다. 가야 할 길이 먼 수학에서 효율을 무시하는 것은 스스로 무덤을 파는 일이다.

둘째, 학원이나 인강을 듣지 말라고?

앞서 필자가 수학은 하나하나가 모두 천재들이 만든 것이기에 남에게 배워야 하는 학문이라고 하였다. 그래서 모른다면 마치 오를 수 없는 벽처럼 어찌할 수 없는 상태가 된다. 그럼에도 불구하고 인강이나 학원, 과외 등을 통하여 공부하지 말라는 데는 몇 가지 이유가 있다.

① 고1 수학은 모두 중학교 때 배운 개념이어서 조금이라도 생각해볼 여지가 있다. ② 강의를 듣는 시간은 공부한 시간이 아니다. 학원이나 과외 등 선생님으로부터 들으면 이해는 하지만 다시 학생 자신이 풀어보면 안 되는 수준이다. 그런데 문제는 강의를 듣는 시간만큼 시간이 흘렀다는 것이다. ③ 강사로부터 듣는 문제풀이는 최적화된 풀이방법으로 이 방법을 익히면 오히려 학생들이 개념을 익히거나 문제 주변의 다양한 상황을 무시하는 결과를 가져온다.

고1로 올라가는 아이들이 가장 먼저 학원이나 인강 등을 통해서 공부하여 진도를 빼면 마치 자기가 공부를 한 것과 같은 착각을 불러일으킨다. 그러나 시간은 흘렀고 고등수학의 어려움을 몸으로 부딪치지 않았기에, 어려움을 이겨낼 수 있는 상태가 되어있지 않았으며 문제를 풀면 여전히 풀리지 않는다.

인강이나 과외가 무조건 소용이 없다는 말이 아니다. 과외나 인강을 들으려면 먼저 자신이 문제를 풀어본 후에 들어야 조금이라도 효과가 있다. 그런데 공부가 어려운 아이는 먼저 듣고 풀겠다는 것이기 때문이다. 먼저 듣고 문제를 푸는 것은 효과가 없으며 자칫하면 문제풀이기술이나 습득하게 되어 장기적으로 치명상을 입게 된다. 문제를 먼저 풀고 나서 듣겠다고 할지도 모르겠지만 문제를 먼저 풀 수 있다면 강의를 듣지 않고 끝까지 문제를 푸는 것이 낫다.

셋째, 모르면 곧바로 해답지를 보라?

수학을 잘하는 사람들이 공통적으로 하는 말이 모르더라도 해답지를 보지 말고 끝까지 고민해서 문제를 풀라는 말을 한다. 맞는 말이다. 문제는 이 말이 수학을 잘하는 사람에게만 통한다는 것이다. 지금 막 고등학교 수학을 공부하는 사람은 대부분 잘하는 사람이 아니다. 고민하여 머리에서 무언가를 꺼내려한다면 기본적으로 머릿속에 무언가가 있어야 가능하며 지금은 머릿속에 무언가를 집어넣어야 하는 상황이다. 물론 고1 수학은 모두 중학교의 개념을 사용하기에 고민 끝에 문제를 해결할 수 있는 아이도 있을 수 있다. 그런데 대부분 아이들은 중학교에서 개념을 확실히 하지도 않았고 설사 안다 해도 난이도가 너무 높다. 이렇게 하나하나 알아간다면 시간이 너무 걸려서 반복의 횟수를 맞출 수 없게 된다.

고민을 많이 하면 반복의 횟수를 맞추지 않아도 될 거라고 생각할 수 있다. 그러나 장시간 고민하였다고 해서 그것을 장기기억으로 가져가는 것이 아니라서 기본적인 횟수를 여전히 맞추어야 한다. 기본적으로 깊게 공부하려는 자세를 갖추어야 하지만, 깊이 때문에 진도가 늦고 진도가 늦어서 반복의 횟수를 못 맞추면 안 된다. 이러한 것을 감안할 때 처음의 공부는 맞출 수 있는 것은 맞추고, 잠시 생각하여 모르겠으면 해답지를 보아야 한다. 해답지를 보아서 이해했으면 해답지를 덮고 다시 풀어서 맞추었다면 다음 문제로 넘어가야 한다. 해답지를 보고도 이해가 안 된다면 필자의 책을 참고하거나 그래도 안 되면 별표를 치고 넘어가야 한다. 반복을 거듭하면서 자연스럽게 이 문제가 해결되는 경우가 많으며 그래도 안 된다면 그때서야 비로소 선생님을 찾아가야 한다.

공식은 외우는 것이 아니라 외워지는 것, 반드시 외워야 한다면 10개 이내로 하라

고등학교에서는 중학교와 비교되지 않을 정도로 단원마다 수십 개의 공식이 등장한다. 그런데 그 공식을 외워서 푸는 것이 편할까? 개념과 원리를 통해서 문제를 푸는 것이 편할까? 당연히 공식으로 문제를 푸는 것이 편하다. 그러나 필자가 보기에 수많은 공식을 원리를 이용하여 유도하거나 적용하여 문제를 푸는 것은, 공부의 양을 너무 많게 만들기 때문에 우둔해 보이기까지 한다.

공식으로 풀면 같은 시간에 원리나 개념으로 푸는 학생들보다 훨씬 많은 문제를 풀 수 있다. 공식을 외우는 것이 원리로 푸는 것에 비해 어렵거나 힘들지도 않다. 게다가 스스로를 효율적으로 답을 구한 똑똑한 사람이라는 생각까지 하게 되니 이것은 비극이다. 공식으로 문제를 잘 푸는 학생은 똑똑한 바보다. 공식을 잘 외우니 외견상 똑똑한 것이고 이것이 금방 잊혀질 것을 모르니 바보다. 그 무엇보다 개념 없이 공식을 외워서 풀면 궁금한 것이 모두 사라져 다시 개념을 세우기가 너무 어려워진다.

익숙한 것에서 궁금함과 새로움을 느끼는 것은 시인이나 문학가 아니라면 어렵다. 공부할 양이 많아서 부담스럽더라도 처음부터 원리나 개념을 먼저 생각해야 하는 이유다. 공식으로 문제를 푸는 것은 가장 빠른 지름길로 문제를 해결하는 방법이 분명하다. 그러나 필자는 학생들에게 공식외우기를 하지 못하게 한다. 심지어는 공식으로 문제를 풀었다면 공식 없이 다시 풀기를 요구한다. 공식을 사용하지 않고 풀어도 빨리 풀 수 있다면 그때서야 공식을 사용하도록 허락한다.

만약 공식 없이는 문제를 풀 수 없다면 그 문제는 풀어도 푼 것이 아니다. 어떻게 풀었든지 답만 맞으면 된다는 것은 최악의 경우다. 심지어는 개념으로 설명하는 과정이 지겨웠는지 듣지 않다가 '그래서 답이 뭐예요?'라고 초등학생들과 같은 반응을 보이는 경우도 있다.

공식으로 문제를 푸는 것은 대입(代入)하는 연습 이외에는 거의 효과가 없다. 공식 자체에는 과정이 없기에 '이 공식 이때 쓰는 거예요?'라는 질문이 나오는 것이며, 이처럼 과정을 모르는 공식은 외워도 어디에 적용하는 지도 모르는 무용지물이다. 시험을 볼 때야 수단과 방법을 가리지 말고 답을 구해야겠지만 평상시의 연습은 절대 금물이다.

문제풀이 과정에서 지름길만 알아서는 안 된다. 이 문제를 푸는 지름길이 다른 문제에서는 막다른 골목일 수 있다. 한 문제를 풀 때 다양한 방법을 시도하는 노력이 필요하다. 다양한 방법은 다른 곳에서 적용되니 그때 가서 또 연습하면 된다고 생각될지 모르겠지만, 지금 이 문제에서 연습하면 서로간의 연결고리를 아는 문제에로부터 확장을 할 수 있는 기회가 된다.

고등학교 1학년에 수많은 공식이 나오지만 전부 합쳐서 외워야 할 공식으로 2개를 꼽는다. 고1의 1학기 중에서 '점과 직선 사이의 거리', 2학기에 배울 내용 중에 '코사인 법칙'이 전부다. 공식 없이 원리로 문제를 풀기에는 과정이 너무 길기 때문이다. 물론 그렇더라도 여러 번의 유도를 해야 할 필요가 있다. 공식은 이처럼 최소한으로 외워야하고, 수능 때까지 외워야 할 전체 공식을 10개 이내로 해야 한다. 나머지는 문제를 풀 때, 공식이 기억나면 고맙게 생각하고 그렇지 않다면 모두 원리로 풀 수 있어야 한다.

4
고1 수학의 목적은 수식과 함수의 확장이다

고1의 수학문제를 풀다 보면 중학교에서 이차식뿐만 아니라 삼차 이상의 고차식이 많이 나온다. 별거 없으리라고 여겨졌던 이차식은 계수에 미지수가 들어가면서 어려워졌고, 게다가 고차식을 풀다 보면 전체적으로 식을 장악하지 못해서 혼동의 상태에 빠진다. 문제는 지금도 이렇게 어려운데 나중에는 얼마나 어렵겠느냐는 생각이 강하게 자리한다. 그래서 나중에 더 어려워져서 어차피 포기하게 될 것인데 미리 포기하는 더 낫지 않겠냐는 생각까지 들게 된다.

사람이 어떤 일을 하던지 끝을 모르면 더 불안한 법이다. 고등학교에서 복잡한 계산은 이과가 아니라면 더 이상의 복잡한 계산은 없다. 비록 어렵더라도 복잡한 식의 계산은 여기가 끝이라며 이겨낼 수 있도록 독려해야 한다.

1학기의 지루한 수식과의 전쟁에서 간신히 살아남은 학생에게 1학기 말부터 2학기에서는 함수라는 또 다른 무서운 놈이 기다리고 있다. 중학교 우등생들이 고등학교 수학에서 추락하는 원인은 여러 가지가 있겠지만, 단원으로 볼 때 함수의 탓인 경우가 많다. 중학교에서는 비록 함수의 개념이 잡히지 않더라도, 방정식을 잘 풀면 대입(代入)이라는 과정을 통해서 얼마든지 함수문제를 풀 수 있었다. 그런데 고1 수학에서 2학기는 본격적인 함수를 다루게 되는 과정으로 함수의 개념을 잡지 못하면, 응용이 되는 문제에서 어려움에 처하게 된다.

그런데 대부분 개념은 노가다를 동반한다. 1학기가 수식에 대한 노가다라면 2학기는 그림에 대한 노가다다. 대부분의 어려운 개념도 그 처음은 직관에서 출발하였다. 그림 그리기는 그 직관을 키우는 일이 주가 되는 일이라 할 수 있다. 직관이라는 실마리를 정교화하거나 일반화를 위해 수학자들은 이론화나 증명의 과정이 따르겠지만, 학생들에게는 식을 만들어 문제를 풀고, 그래프와 식과의 관계를 더 튼튼하게 하는 일이 더 필요할 것이다.

개념이 중요하다는 것도 식을 전개해 나가는 것도 중요하다는 것을 알지만, 푸는 사람의 입장에서는 노가다의 단조로움은 중요성을 희석시키고도 남는다. 노가다가 주는 가장 큰 어려움은 귀찮은 노가다 자체보다도 희망이 보이지 않기 때문이다. 그러니 노가다를 할 때에는 목표를 세우고 대가를 얻어야 한다. 식을 얼마나 빨리 푸느냐라든지 그림을 그렸으면 거기로부터 적어도 무언가를 하나는 얻어야 한다. 얻는 게 없으면 무의미하는 생각에 지속하기 어렵다. 노가다를 하면서 자그마한 결실이라도 건졌다면 그래도 중요도를 생각하면서 지속할 수가 있다.

그런데 공부를 잘하는 학생들 중에는 그림을 그리지 않고 쓱쓱 문제를 푸는 경우를 본다. 이것을 따라 해서는 안 된다. 그림을 그리지 않고 간단한 식만 통해서 하는 것은 어느 정도 경지에 오르고 나서다. 그러나 이전에 많은 그림을 그렸기 때문에 그림이 머릿속에 있는 까닭이다. 이차함수의 그래프를 통해서 이들 간의 관계를 이해하기 전까지는 문제에서 하는 말이 무슨 말인지를 모를 것이다. 그러나 그래프를 그리고 문제를 하나하나 이해해나가다 보면 이 말이 무슨 뜻인지 알게 될 것이고, 그때에 실력이 급격히 상승하는 것을 느끼게 될 것이다. 고2~3학년 나아가 수능에서 고득점을 원한다면 지금 함수 단원을 더 튼튼히 해야 한다.

수능을 위한 고등수학은 한 학기 정도의 선행이 필요하다

중학교에서 개념을 잡았다 해도 고1 수학은 중학교에 비해서 무척 어렵다. 오죽했으면 대학을 가겠다고 인문계에 진학한 아이들이 6개월을 못 버티고 70% 이상이 나가떨어지겠는가? 중3의 겨울방학을 올바른 방법으로 대처해야 할 것이다. 10회 반복을 하고 다소 무리를 해서라도 계속 앞으로 나아가야 한다. 그렇다고 너무 앞지르려고 대충해서는 안 된다. 필자가 보기에 한 학기만 앞서서 나간다면 무리 없이 진행될 수 있을 것이다. 그런데 과외나 학원으로 너무 앞서가는 학생이 있는 반면, 또 어떤 학생은 학교 진도에만 연연해서 '아직 안 배웠는데 어떻게 공부해요?'라며 선행을 하려하지 않는 경우가 있다. 중학교 때의 관성을 고치지 못한 탓이다.

이처럼 은연중에 중학교의 학습방법을 고등학교에 와서도 지속하는 경우가 많다. 학교 진도에 연연하지 말고 독자적으로 판단하고 결정하였으면 밀어붙이는 힘도 필요하다. 수학은 배워야 풀 수 있는 과목이 맞지만 꼭 선생님에게서 배우는 것만이 배우는 것은 아니다. 비록 어렵더라도 책을 보면 배울 수 있다. 또 선행을 한다고 인강이나 학원에 의지하면 역시 문제풀이 위주의 공부가 될 수 있다. 이런 강의를 듣더라도 먼저 고민해서 개념이나 원리를 얻으려는 선행과정이 없으면 앞서가도 소용없다.

5

내신 1등급이 수능 평균 3.5등급, 모의고사에 집중하라

"우리학교 전교 1등은 시중의 문제집을 모두 푸는 것 같아요."

아이들에게 종종 이런 말을 듣는다. 문제집을 종류별로 풀고 있는 학생들 중에는 학교 내신에서 상위권을 유지하는 경우가 많아서 마치 따라해야 할 것 같은 느낌이 든다. 문제를 많이 풀면서 공통된 유형의 문제들에서 개념을 뽑을 수 있는 특별한 아이가 아니면, 이 방법은 노력에 비해서 성과가 적은 방법이다. 지극히 비효율적인 방법임에도 불수하고 공부를 안 하는 학생보다는 잘하기 때문에 이 방법이 통용될 뿐이라는 말이다. 그래서 문제집을 섭렵하는 많은 교내 상위권 학생 중에는 모의고사 2등급이 벽인 학생들이 많다. 아무리 많은 문제집을 풀어도 모의고사 2등급이 나오지 않기 때문이다. 이 상태를 계속 끌고 가기에 내신 1등급이 결국 수능 평균 3.5등급이 나오는 것이다.

엄청난 공부와 내신 1등급을 거머쥐었음에도 낮은 수능점수 때문에 하향 지원해서 대학을 가는 것을 무수히 본다. 그럴 때마다 안타깝기 그지없다. 총 비용을 계산하는 데 실패한 것이다. 이런 학생들은 대부분 유형을 중요시하여 어떠한 조언도 그 자신에 맞춰서 받아들이고, 근본적인 변화를 시도하지 않는 경우가 많다.

수능 *vs* 내신, 목적에 따라 공부법이 다르다

수학은 공부하는 목적에 따라 공부법도 달라진다. 여러분은 수학을 배우는 목적이 무엇인가? 수능? 내신? 만약 내신 점수만 목표로 한다면 다양한 문제집을 푸는 것이 맞다. 내신은 선생님들이 기존의 문제집에서 시험문제를 출제하기 때문이다. 아무래도 풀어본 문제가 시험에 나오면 시험을 잘 보는 것이 당연하다. 대학 중에도 수능의 반영 비율이 낮은 일부 교육대학이나 중하위권 대학 등은 이 전략이 맞을 수도 있다. 그러나 목표로 하는 대부분의 상위권 대학은 수능의 비중이 높다. 내신등급이 아무리 높다 해도 수능점수가 낮다면 꿈도 꾸지 못한다. 내신에 따라 움직이면 자칫 수능에서 타격을 입을 가능성이 높다.

내신의 시험 범위도 결국은 수능시험 범위 내이니 하나하나 차곡차곡 하다 보면 결국 수능도 잘 볼 것이라는 생각이 들 수도 있다. 그러나 실제로는 다르다. 내신은 당장 공부한 것을 바로 평가하지만 수능은 적어도 2~3년 후에나 시험을 본다. 한 마디로 망각의 수준이 다른 시험이며 출제 목적도 다른 시험이다. 상위권 대학을 목표로 한다면 학교 내신이 아니라 수능을 목표로 하는 공부가 되어야 할 것이다.

중학교와 달리 고등학교에서는 거의 2~3달에 한 번씩 전국의 석차가 고스란히 나오는 모의고사를 보게 된다. 수학은 바로 이 모의고사 점수를 기준으로 수학의 실력이 자라고 있음을 평가해야 한다. 모의고사 성적이 곧바로 수능점수로 이어지는 것은 아니지만 내신보다는 상관성이 높다. 한 문제집을 10번씩 푸는 아이들이 목표로 하는 모의고사 성적은 2등급이다. 그렇다고 3~4등급이 나왔다 해서 잘못 공부하고 있는 것이 아니다. 더군다나 모의고사 시험을 대비하여 공부하라는 것도 아니다.

많은 상위권 학생들이 모의고사 점수를 보고 좌절하며 심지어는 모의고사를 대비하는 문제집을 풀기도 한다. 학교 선생님들도 모의고사 점수가 수능점수라며 아이들을 다그치기도 한다. 학교 선생님들은 아이들의 공부를 독려하려고 단기적인 처방을 내리는 경우가 많다. 당장 눈앞의 내신이나 모의고사를 아이들이 준비하게 함으로써 공부를 시키려는 목적이 강하다. 공부를 하고 싶어 하고 또 하고 있는 학생이라면 이런 단기처방은 독이 된다. 1~2학년에서 꾸준히 수학실력을 쌓아가다 보면 당연히 모의고사 성적도 오르며 제대로 된 수능준비도 하게 된다. 일희일비해서는 안 된다는 것이다.

그런데 반론이 있을 수 있다. 다양한 문제집을 푸는데도 학교시험도 잘 보고 계속 모의고사도 잘 보다가, 결국 수능도 잘 보아서 좋은 대학에 갔다는 사례들이 있기 때문이다. 강호는 넓고 무림의 고수도 있다는 말을 실감한다. 그러나 문제집을 다양하게 풀면서 잘하는 아이도 있지만 이런 아이들은 소수다. 게다가 이런 아이들도 두 가지로 운명을 달리한다.

문제집만 풀어서 잘하는 아이 중에도 점차 2~3학년에서 하락하는 아이와 끝까지 잘하는 아이가 있는 것이다. 끝까지 잘하는 아이는 여러 종류의 문제들을 풀면서, 그 안에 있는 공통인 개념을 추출하여 튼튼히 할 수 있는 능력이 있는 괴물 같은 아이들이다. 그러나 99.9%의 아이들은 개념을 잡아야 개념이 잡히고, 문제를 통해서 확장을 해야 확장이 되는 자연의 법칙을 따른다.

6

고2는 확장보다 개념을 파는 시기여야 한다

국가대표 선수들의 프로축구와 동네축구를 비교하면 전략에서 차이가 극명하게 난다. 동네축구는 공을 따라서 우르르 몰려다니다가 한번 뚫리면 허망하게 공을 허용한다. 그러나 국가대표 선수들의 경기는 항상 수비를 탄탄히 하고 있으며, 2~3명의 공격수가 공격을 하고 미드필더가 공격에 가담하는 수준이 된다. 그래서 동네축구와 달리 골이 많이 나오지 않는다.

시험에서 당락은 소위 응용문제에서 갈리게 되니 동네축구처럼 응용문제를 따라서 움직이고 싶은 생각이 간절할 것이다. 그러나 고3에서 전면 공격을 하기 위해서는 고2까지는 아직 수비 기간이다. 응용문제를 쫓아다니다가 허무하게 기본문제에서 놓치는 경우를 막아야 한다. 고2가 되면 1학년 때에 수학을 놓았던 아이들도 다시 수학을 공부하며 긴장하는 국면으로 접어든다. 2학년에서 수학을 끝내려고 했을 때, 그래도 문과는 2권이라서 괜찮지만 이과는 무려 4권을 끝내야 한다. 응용문제를 잡으러 가는 공격은커녕 수비를 하기에도 버거운 시간이다. 1학년 때와 마찬가지로 기본에 충실하여 한 문제집을 반복하되 개념의 깊이를 더해가는 공부를 해야 한다.

한 권의 문제집을 완벽하게 하라

내신 시험을 잘 보려면 당장 공식을 외우고 다양한 문제를 풀어서 문제 적응력을 높이는 것이 맞다. 그러나 이렇게 공부한 많은 학생들이 3학년에 가서 1학년 때 배운 그 쉬운 공식을 물으러 돌아다니거나 '언제 고1 수학 다시 한 번 봐야 하는데…….' 하며 시간이 없다고 호소한다. 그러나 수능을 준비한다면 한 문제집을 완벽하게 소화하기 위해서 반복하고 깊은 개념을 쌓으려고 노력해야 한다.

한 문제집을 완벽하게 하는 방법은 내신 고득점이 어려울 수 있다. 내신과 수능의 두 마리 토끼를 잡으려 한다면, 평상시 기본서 한 권만 풀다가 시험 1~2주 전부터 시험기간까지만 여러 문제집을 보다가 시험이 끝나면, 곧바로 기본서로 돌아가는 방법이다. 수능을 위주로 공부하면 당장은 내신과 시차가 생겨서 고전을 하겠지만 결국 수능과 내신을 모두 잡게 된다. 어느 학교에나 내신 1등급은 있다. 그러나 이 학생들이 소위 말하는 *SKY*에 들어가는 것은 아니다. 그것은 이 대학들이 요구하는 수능의 최소점수를 받지 못했기 때문이다.

전체 공부 시간의 70~80%를 수학에 투자하라

국어를 제외하고 영어를 포함한 다른 과목의 공부분량은 많은 것이 아니다. 고1에 올라가는 아이들에게 필자의 책 『고교3년공부 6개월에 끝내는 수능시험 만점공부법』을 읽어보라고 주는데, 이것을 고1~2에서 굳이 시행하라는 의미는 아니다. 다른 과목의 공부는 시간이 많이 걸리지 않으니 고1~2에 수학에 집중할 수 있는 심적 안정을 주기 위한 목적이다.

수능 과목들 중에 탐구영역은 비교적 단시간 내에 해결되고 변별력도 적어서 수능을 좌우하는 것은 역시 국·영·수다. 그런데 이 중에 성적을 가장 올리기 어려운 것은 국어다. 그런데 국어는 해도 그 점수, 안 해도 그 점수라는 말도 있듯이 점수 올리기가 그만큼 어렵다. 그래도 국어는 기본점수라는 것이 있어서 점수가 아주 낮지 않다면 결국 영어와 수학이 남는다.

그런데 영어는 수학에 비해서 단기간에 성적을 올릴 수 있다. 단지 방법을 몰라서 오랫동안 공부하고 있는 것뿐이다. 그래서 상위권 중에서 영어 때문에 고민하는 학생은 수학에 비해 현저히 떨어진다. 그렇다면 상위권으로 가는 최대의 걸림돌은 역시 수학이다. 수학만 잡으면 상위권이 된다는 말이다. 물론 상위권에서 최상위권으로 올라가는 데는 국어가 가장 많은 영향을 미친다.

수능에서는 원래 점수가 아니라 '표준점수'나 '백분율'이라는 것을 사용한다. 표준점수에 대해서는 차츰 알아가겠지만, 대학들이 가중치까지 주기 때문에 실질적으로 수학은 국어나 영어의 거의 두 배에 육박하는 점수가 된다. 수학의 점수가 낮다면 다른 어떤 과목을 더 잘해서 그만큼 보완할 수는 없다는 말이다.

수학을 잘하는 방법으로 개념을 잡고 공식으로 풀지 말고 원리를 알아야 하며, 하나의 한 문제집을 반복하라고 하였다. 이 모든 것이 학생들에게 많은 시간을 요구하는 것들이다. 대충하면 20~30분이면 될 것을 개념으로 공부하면 꼬박 하루가 걸릴 수도 있기 때문이다. 하루 종일 수업시간을 제외하고 남는 시간은 거의 수학공부를 해야 한다.

그런데 많은 학생들이 수학을 여러 과목 중에 한 과목이라고 생각하여 골고루 공부하려고 든다. 그러나 2학년까지는 공부의 70~80%를 수학에 쏟아야 수학이 해결된다. 나머지 과목은 20%의 시간으로 효율적으로 해도 해낼 수 있다. 처음에는 주변 친구가 말리고, 급기야는 선생님조차 "너는 매일 수학공부만 하니? 수학은 그 정도면 됐고 이제 다른 공부도 해야 한다."며 말릴 정도로 수학에 올인 해야 한다.

다행이 수학은 자투리 시간을 활용하기 좋은 학문이다. 문제 단위로 시간을 배분할 수 있기 때문이다. 게다가 풀리지 않는 어려운 문제는 고민하다 보면 문제 자체가 외워진다. 그러면 길거리를 돌아다니면서도 해결책을 생각하거나 문제를 풀 수 있다.

7 고2의 기본서, 1등급으로 가는 지름길이다

수능 30문제 중에 2~3문제를 빼고는 100분 중에 40~50분 내에 풀고, 나머지 시간은 모두 2~3문제를 푸는 데 소진해야 최상위권에 들어간다. 이를 위한 연산력과 개념을 잡기 위해서는 반복은 필수다. 그런데 10회 반복을 어떻게 하느냐는 학생들이 많다. 내신 상위권에는 다른 종류 문제집 10권을 푸는 아이가 많다. 한 권을 10번 푸는 것과 10권의 다른 종류의 문제집을 푸는 것 중에 어느 것이 어려울까? 당연히 1권을 10번 푸는 것이 쉽다. 1등급이 나오면 너무 좋겠지만 기본서 10회 반복의 목적은 2등급에 있다.

그런데 수학문제집을 종류별로 10권을 풀었는데도 3등급을 벗어나지 못하는 경우가 있다. 그러나 2등급과 3등급은 엄청난 차이다. 똑같이 10번을 해도 다른 결과의 차이는 무엇일까? 모든 수학문제의 풀이의 목적은 개념에 있다고 하였다. 그렇다면 2등급과 3등급의 차이도 당연히 개념의 부족이 가장 큰 원인이다. 개념을 잡으면서 10번의 반복을 어떻게 해야 2등급에 도달하는지 알아보자!

첫째, 기본서의 선택은 어떻게 할 것인가?

고2라면 기본서는 학생들이 많이 사용하고 있는 교재들 중 어떤 책을 선택해야 할까? 기본서가 너무 두꺼우면 효율적이지 않기 때문에 최대한 얇은 것을 택해야 할 것이다. 그런데 시험에 나온다는 *EBS* 교재는 기본적인 유형을 모두 담고 있지 않기 때문에 기본서로는 부적합하다.

둘째, 처음 공부할 때는 인강이나 학원, 과외 등 강의를 듣지 말고 혼자서 해결하라.

이 부분은 앞에서 충분히 그 이유를 설명했을 것이다. 그럼에도 불구하고 중요한 부분이니 잔소리 같겠지만 다시 한 번 언급하고 싶다. 지루하더라도 반드시 읽고 각오를 새롭게 했으면 좋겠다.

수학을 처음 공부하면 무조건 강의를 통해서 배워야만 푸는 줄로 아는 경우가 있다. 그것은 고등학교 2학년인데도 여전히 중학교 때의 습관을 버리지 못했기 때문이다. 힘이 들더라도 혼자서 풀어내야만 가장 빠른 공부법이라는 것을 명심하자. 물론 강의부터 들으면 당장 문제는 잘 풀릴 것이다. 그러나 고민이 적어서 개념을 습득할 기회를 상실하거나 아니면, 문제풀이 기술만 배워서 자칫 여러 번의 문제풀이에도 끝까지 개념을 습득하지 못할 수도 있다. 그래서 당장의 고생을 피하려다가 더 어렵고 긴 과정을 거치게 되는 경우가 다반사다.

그릇에 자갈, 모래 등을 넣을 때 가장 먼저 큰 자갈부터 넣는 것이 순서다. 수학문제풀이의 목적은 개념의 습득에 있고 대부분의 개념은 노가다가 필수라 했다. 큰 자갈부터 넣는 마음으로 처음 보는 문제는 모두 노가다로 해결하라! 나는 똑똑해서 노가다를 하지 않을 거라고 장담하지 말자. 정말 똑똑하다면 노가다에서 규칙을 찾아내도록 하자. 규칙도 못 찾으면서 똑똑하다고 생각하는 것은 검증이 안 되는 것을 빌미로 사기를 치는 것이다.

최소 5번 이상의 반복으로 강의를 듣지 않아도 풀 수 있을 때 비로소 강의를 들어야 한다. 그런데 이때도 고2라면 문제풀이 중심의 강의가 아니라 개념 중심의 강의를 들어야 한다. 그래야 자신의 방법과 선생님의 방법도 비교하고 좀 더 튼튼해지는 개념을 얻게 된다.

셋째, 주기를 최대한 단축하라.

강의를 듣지 않고 교재를 처음부터 끝까지 푸는 것은 많은 어려움과 긴 시간을 필요로 한다. 그러다 보면 자칫 한 단원의 반복이나 여러 가지 꼼수를 부리고 싶어진다. 전체 공부 시간의 80%를 수학에 투자하라고 했다. 이렇게 많은 시간을 투자해도 실력이나 의지가 약해서 진도가 늦어진다면 반복의 최대변수인 주기에 문제가 생긴다. 그럴 경우에는 앞에서 언급했듯이 문제번호에서 홀수 번 문제나 짝수 번 문제를 선택해서 풀어라. 그러면 전체 분량이 절반으로 줄어들게 될 것이다. 대신 이때 만약 홀수 번 문제를 선택해서 풀었다면 계속해서 같은 홀수 번 문제를 풀어야만 쉬워질 수 있고, 쉬워진 다음에 비로소 전체번호 풀기로 넘어간다.

넷째, 수학공부의 처음과 마지막은 개념을 공부하라.

개념을 익히고 문제를 풀 때는 개념이 문제에 어떻게 적용되고 있는가를 파악해야 한다. 설사 개념이 들어가지 않아도 풀어본 문제는 풀기 때문에 개념이 잘 습득되고 있는가를 파악하기가 어렵다. 이럴 때, 자기가 알고 있는 것을 다른 사람이 알기 쉽게 설명할 수 있는가를 판단 근거로 삼아야 한다. 수학을 잘하는 학생들은 자기 공부시간을 뺏겨가며 다른 학생들의 질문에 상세하게, 그리고 알기 쉽게 설명해준다. 왜냐하면 공부를 잘하는 아이에게도 개념을 확실히 하는 절호의 기회기 때문이다. 그런데 여러 번 풀면 점차 빨라지면서 자칫 기술과 개념의 사이가 멀어질 수 있다. 유형을 익히는 것은 단지 문제를 빨리 푼다는 장점밖에 얻을 것이 없다. 빨리 풀게 되면 스스로 경계하며 개념을 다시 확인해야 한다.

다섯째, 5회 이상 반복할 때는 콘셉트를 정해라.

그릇에 자갈과 모래를 넣으면 더 이상 들어갈 자리가 없을까? 모래보다 알갱이가 작은 물과 같은 것을 넣을 수도 있고 그 다음으로 물에 녹는 것을 넣을 수도 있다. 자신만의 색깔을 입힐 수 있다는 말이다. 5회 이상 풀면 빠른 속도에 자신감이 붙고 다른 문제집을 풀고 싶어진다. 게다가 다른 친구들이 다음 과정의 문제집을 풀면 초조해지기 시작한다. 그러나 아직 개념이 완벽해진 것은 아니며 끝내가는 공부를 위해서는 좀 더 해야 한다.

10회 반복을 해야 1등급으로 올라갈 수 있는 발판이 마련된다. 대신 그동안 문제를 풀 때 오래 걸릴 것 같아서 시도하지 않은 방법이나 다른 방법의 문제풀기를 시도해야 한다. 한 문제를 여러 가지 방법으로 푸는 것은 모래에 물을 넣는 것처럼 개념을 튼튼하게 만들어 줄 것이다. 반복의 효율을 극대화시키는 방법은 2가지로, 하나는 똑같은 것을 반복하는 것이고, 또 다른 하나는 잊어먹기 전에 반복하는 것이다. 10번을 반복하는 것은 기본을 익히는 과정으로 보아야 하며 이 과정에서 가장 효율적인 공부법이 되려면, 다음 세 가지 원칙을 기억해야 한다.

① 같은 문제를 반복하라!

수학을 잘 할 수 있느냐 없느냐는 질문의 수와 질에 결정된다. 그러나 질문은 의문이 들 때 생기고 너무 많은 문제에 봉착하면 깊은 질문을 할 수 없게 된다. 많은 문제풀이의 해결책은 하나하나 깊이 있게 하는 것이 아니라 정형화된 틀로 문제를 해결했을 때 가능하기 때문이다.

한꺼번에 같은 유형 20개를 2~3차례 푸는 것보다 한 개의 문제를 시차를 두고 열 번 풀어 개념과 깊이를 더하고 나서, 나머지 19개의 문제를 한두 번 푸는 것이 더 효과적이라는 말이다. 비록 적은 수의 문제라도 철저히 해야 한다. 더 빨리 더 많이 문제를 푸는 것이 올바른 방법으로 개념을 잡는 것을 대신할 수는 없다. 이 방법이 단기적으로는 지루할 수 있고 뒤떨어지는 듯이 보이지만, 점차 어려움의 감소, 시간 절약, 빠른 확장으로 이어져서 무엇보다 자신감 상승을 이끌어낸다.

② 점점 깊이를 더해라!

한 문제집을 끝까지 푸는 것은 2~3차례의 반복까지는 여러 유형을 섭렵하는 것보다도 무척 어려운 과정이다. 그러나 4~5회에서는 시간이 빨라지기 시작하여, 나중에는 한 권을 1~2주 만에 끝낼 정도로 빨라지며 자신감이 상승한다. 이때 다른 문제집을 풀고 싶은 유혹이 생기지만 인간의 망각을 시험하고 싶지 않다면 반복을 계속해야 한다. 다만 그 다음부터는 기존에 풀던 방법이 아닌 다른 방법으로 풀기를 시도해야 깊어진다.

③ 잊어버리기 전에 다시 하라!

어떤 과목이든 반복에서 가장 중요한 것이 주기다. 가장 좋은 것은 잊어버리기 전에 다시 하는 것이다. 이 말에 많은 학생들이 동의하지만 실제로는 그렇지 않는 경우가 대부분이다. 예를 들어 시험에서 틀려야 비로소 망각을 알아채고 다시 공부를 하는데, 그때는 처음보다는 적게 시간이 들겠지만 여전히 많은 시간이 소요된다. 잊어버리기 전에 다시 하면 30분이면 충분할 분량을 잊어버리고 나서 다시 하면 그 몇 배의 시간이 다시 소요된다. 그러면 짜증과 머리 탓을 하는 등 심리적인 요인이 가중되어 공부를 더욱 힘들게 한다. 이 부분을 소홀히 하면 해야 하는 공부의 양이 줄지 않아 결국 시간 부족에 봉착하게 될 것이다. 수학문제집 한권의 3회 반복까지는 망각주기를 맞추지 못할 수도 있겠지만, 점차 잊기 전에 공부하는 주기를 갖추게 되어 공부분량이 적어지게 된다.

여섯째, 다음 과정의 수학도 동일한 과정으로 하라.

10회 반복을 한 경우 반복의 주기가 빨라져서 거의 일주일 이내에 한 권의 문제집을 풀 정도가 된다. 그러면 그 다음 과정인 미분과 통계의 기본이나 미적분으로 넘어가야 한다. 이때도 조심해야 하는 것이 두 가지 있다.

① 다음 과정의 문제풀이가 수I을 처음 할 때처럼 똑같은 어려움이 찾아온다.

즉 1회 반복이 1~2개월이 걸리며 2~3회까지는 풀었어도 잘 모르겠다는 생각이 지배하는 시기가 다시 찾아온다. 얼마 전의 일인데도 잊어버리고 다시 똑같은 호소를 하는 학생이 많은 것을 보아왔다.

② 다음 과정으로 미루지 마라.

미적분I을 다음 과정에서 풀 요량으로 방치하게 되면 10번 풀어서 안 잊어버릴 것 같았던 것이 다시 문제가 된다. 다음 과정의 반복 사이마다 미적분I을 다시 풀어야 한다. 다만 그때는 잊어버리지 않는 것이 목적이기 때문에 5의 배수 즉 처음에는 1, 6, 11, 16, …… 의 문제를 그다음은 2, 7, 12, 17, …… 의 순으로 풀면 하루 이틀이면 풀 수 있을 것이다. 두 권을 연이어 반복해야 한다는 말이다.

위 설명은 고2를 기준으로 설명하였다. 고3은 수능까지 남은 시간과의 관계를 가장 먼저 고려해야 한다. 시간상 기본서 10번 반복의 방법을 따라 할 수 없을 때에도 받으려는 등급에 따라 분량, 반복, 깊이, 주기라는 대원칙 하에서 자신에게 맞게 재설계해야 한다.

수능수학의 최종 목표는 다양성이 아니라 깊이다

수능에서 수학은 단답형 9문제를 포함해서 총 30문항이 출제된다. 이중에 2점짜리 3개, 3점짜리 14개, 4점짜리 13개가 출제 된다. 2, 3점짜리를 다 맞춘다 해도 50점을 넘기기 어렵다. 그래서 4점짜리 공략이 필수다.

복합개념을 풀어야 하는 응용문제를 대비하는 방법은 공부의 순서에 있다. 응용문제라 할지라도 개별개념은 쉽다. 3점짜리 심화는 개념이 2~3개 복합된 것이고, 4점짜리는 쉬운 개념이 4~5개 복합되었을 뿐이다. 만약 어려운 개념이 복합되었다면 어렵겠지만 떼어놓은 하나하나의 개념들은 아주 쉽다. 문제는 그중에 한 가지라도 되어 있지 않다면 문제를 풀 수 없다는 것이다. 그래서 개념 반복을 통해서 언제라도 튀어 나올 수 있게 하기 위한 반복이 필수라고 한 것이다.

고2까지 개별개념을 튼튼히 하였다면 다양한 문제를 푸는 고3은 오히려 한결 여유롭게 보낼 수 있게 된다. 아니 고3은 여유로워야 최고 득점을 받을 수 있다.

수학의 뜻대로, 출제자의 뜻대로 하라

공부를 안 해서 못하는 것에 대해서 하고 싶은 말은 없다. 그런데 열심히 했는데 안 되었다고 하면 어떻게 열심히 했는가를 당장 묻고 싶어진다.

첫째, 누구나 기준이 자기 자신이 되기에 예전의 자신과 비교했을 때일 가능성이 높다. 하루에 최소 수학문제 40문항을 풀었느냐고 묻고 싶다. 둘째, 어떤 방법으로 열심히 했는가? 공부를 잘하는 사람과 같은 방법으로 했다면 여전히 그 사람의 뒤에 있을 가능성이 높다. 또한 개념을 파고 같은 책을 여러 번 풀지 않았다면 자칫 비효율적인 방법일 가능성이 높다. 셋째, 시험이 어떤 것을 묻고자 하는 것인지를 알면서 풀었는가를 묻고 싶다. 시험의 목적을 알아야 출제의도를 알게 되어 좀 더 정확하게 길을 잡을 수 있고, 부수적으로 자기 확신을 가지고 공부에 임할 수 있다.

우리가 공부를 하는 목적은 적어도 당장은 수학자로서의 소양이나 실력이 아니라 시험을 잘 보는 것이 목표이다. 내신은 선생님이 출제자지만 수능을 출제하는 곳은 교육과정평가원(이하 평가원)이다. 평가원이 제시한 수학의 출제원리를 알아야 그에 맞는 공부법도 뒤따르게 된다. 다음은 평가원이 제시한 요강이다. 원래 고3들이 참고하는데 고2에서도 한 번 짚고 넘어가면 도움이 될 것이다.

1) 평가목표

교육과정의 내용과 수준에 근거하여 계산능력, 수학의 기본개념·원리·법칙의 이해능력, 추론능력, 수학의 내·외적문제해결능력의 측정

☞ 평가원의 목표는 4가지 즉 계산능력, 수학의 기본개념·원리·법칙의 이해능력, 추론능력, 수학의 내·외적문제해결능력이다. 문제의 유형이 4가지라는 말이다. 이런 구분이 의미가 없어 보일 수도 있다. 그러나 적어도 문제를 풀다 보면 이것이 무엇을 묻는 문제인가를 생각해보면 우리가 길러야할 힘을 생각할 수 있다. 그런데 이들 4가지에는 모두가 다 끝에 '력'이라는 말이 붙어있다. '력'은 힘력(力) 자로 '힘'을 의미한다. 이 힘은 어디에서 나오는 것일까? 보통의 힘은 쓸수록 고갈되는 것이 아니라 더욱 더 많이 생성된다.

수학의 개념·원리·법칙은 어디에 있는가? '교육과정의 내용과 수준에 근거'라는 말에 주목해야 한다. 한마디로 말하면 교과서에 있다. 전국 1등이 '교과서만 봤어요' 하는 말은 절대 거짓이 아니다. 그렇다고 모두가 교과서만 보라고 말할 수는 없다. 교과서는 의미가 함축되어있어서 이를 소화할 수 있는 사람만 가능하기 때문이다. 교과서는 적은 분량에 많은 것을 담으려고 하여서 기본적인 것들을 모르는 학생이 보면, 그 의미하는 바를 제대로 읽어낼 수 없다. 교과서는 고3의 마지막 정리에서 활용하는 것이 좋을 듯하다.

계산능력과 수학의 기본개념·원리·법칙의 이해능력을 기르는 가장 좋은 방법은 반복밖에 없다. 그러나 이들 2가지 유형을 완벽하게 소화했다고 해도 40~50% 정도밖에 되지 않는다. 추론능력과 수학의 내·외적문제해결능력을 향해 도전해야 한다. 그런데 이 방법은 계산능력과 수학의 기본개념·원리·법칙의 이해능력을 기를 때와 다른 공부법을 적용해야 한다. 여기에서는 문제를 맞히겠다는 생각이 아니라 문제를 이해하려고 해야 한다. 여기에 또 다른 종류의 노가다를 필요로 한다. 이 부분에 대한 이해를 하고 따라 해야 3등에서 2등급으로 올라서게 된다.

추론능력은 두 개 이상의 개념을 복합적으로 적용하는 경우가 다반사다. 따라서 개별적인 개념이 수반되지 않으면 어떤 개념을 사용해야하는지에 대한 판단이 문제해결의 열쇠가 되고, 이것을 하지 못하면 숫자의 나열만 하다가 시간만 까먹게 된다. 더불어 어떤 개념을 사용할지를 안다 해도 문제를 풀다가 틀릴 수 있는 소지가 있다. 계산능력과 수학의 기본개념·원리·법칙의 이해능력을 기르는 데 반복이 필요했던 이유이기도 하다.

내·외적문제해결능력은 소위 말하는 실생활문제다. 이 경우 문제가 길고 복잡해 보이지만 껍데기를 벗기고 나면 아주 단순한 문제인 경우가 많다. 즉, 주어진 조건에 맞게 식을 만들거나 단순화하면 알고 있는 문제로 변신한다는 말이다. 그러나 보기에 지문이 길고 생소해 보이는 내용이어서 겁부터 집어먹는 것이 문제다. 그 무엇보다 자신감이 필요하다는 말이다. 그런데 자신감은 그냥 자신감을 갖는 것이 아니라 무수히 많은 문제를 반복해서 어떤 문제든지 자신감이 바탕이 될 때 그 의미를 갖는다.

2) 출제의 기본방향

- 대학 교육을 받는 데 필요한 수학적 능력을 측정
- 단순 기억이나 암기로 해결할 수 있는 문항의 출제를 지양하고 교과의 특성을 반영한 이해력과 사고력을 측정

☞ 수학하고는 관계가 없는 과를 가는데 수학적 능력이 왜 필요하냐고 하는 것은, 수학이 갖는 의미를 너무 축소해서 바라보는 것이다. 대학교육에서 필요한 수학적 능력이란 수학문제를

풀 수 있느냐 없느냐가 아니라, 수학적 논리를 요구한다는 말이다. 이런 관점에서 볼 때 위 두 가지는 같은 말이 된다.

– 지나치게 복잡한 계산 위주의 문항의 출제를 지양

☞ 이 말은 잘못 이해하면 오해를 불러일으킬 수 있는 말이다. '지나치게 복잡한'이란 말은 지극히 주관적인 말이다. 수학의 계산은 학생 자신이 도달하지 못한 문제는 모두 지나치게 복잡하다고 말할 수도 있기 때문이다. 이 말은 역으로 뒤집어 보면 지나친 계산을 하는 문제가 아니라 어느 정도의 복잡한 계산을 요구하겠다는 말이기도 하다.

3) 출제범위

– 해당 교과목 교육내용의 전범위에서 출제하되 문제의 내용과 소재가 특정 영역에 편중되지 않도록 출제

– 국민공통기본교육과정의 교육내용은 간접적으로 출제범위에 포함된다.

– 단답형의 문항은 3자리 이하의 자연수로 답하는 형태로 출제

4) 학습방법

– 수학문제해결의 기본수단인 기본적인 계산능력 및 전형적인 문제해결의 절차인 알고리즘 구사능력을 기른다.

☞ 수학문제해결의 기본수단인 기본적인 계산능력은 계산실수

를 막을 만큼의 반복하라는 의미다. 필자는 수학에서 실수란 없고, 오로지 실력만 있을 뿐이라고 말하고 있다. 설사 실수라 할지라도 실력이라고 인정하지 않으면 교정의 시기를 놓치기 때문이다. 전형적인 문제해결의 절차인, 알고리즘 구사능력은 절차를 의미한다.

많은 학생들이 자신의 방법으로 문제를 풀고는 뿌듯해하는 것을 본다. 이것이 잘못되었다는 것이 아니라 이 풀이방법이 얼마나 논리성에 근거하고 있느냐를 판단해야 한다는 말이다. 수학에서 요구하는 것은 창의성을 묻는 것이 아니라 교육과정을 얼마나 성실하게 공부했느냐를 평가하는 것이고, 필요한 기본개념을 적절하게 사용할 수 있도록 충분한 연습을 요구하는 것으로 보아야 한다.

– 문제 상황에서 수학적 분석 및 해결능력을 기르기 위해 수학의 기본개념·원리·법칙의 이해능력을 기른다.
– 수학적 개념·원리·법칙을 이용하여 문제를 파악하고 해결할 수 있도록 수학적 추론능력을 기른다.
– 여러 가지 수학적 개념·원리·법칙을 복합적으로 적용하는 문제, 다른 교과 상황을 소재로 한 수학적 문제, 수학을 적용하는 다양한 실생활문제 등을 해결하는 능력을 기른다.

☞ '복합적으로 적용'이라는 말에 주목해야 한다. 원래 하나하나

의 개념은 쉽다. 그러나 쉬운 개념을 몇 개만 이용하면 어려운 문제가 된다. 수능문제가 다양하게 출제된다고 다양한 문제를 풀려고 하는 것은 어려움만 가중될 뿐 도움이 되지 않는다. 출제자는 그 분야에서 정통한 교수들이고 문제에 쓰이는 개념은 정해져 있다. 따라서 문제풀이의 방향은 다양성이 아니라 깊이다. 깊이 파면 다양성의 문제가 해결된다. 문제를 풀어서 답을 맞혔다고 좋아할 일이 아니라, 그 안에서 사용된 개념을 모두 알 때까지 계속 생각을 해야 한다.

자, 어떤가? 교과서에서 제시하고 있지 않은 새로운 것은 문제에 개념이 들어있지 않다는 것이다. 지금까지 출제한 기간이 오랫동안 지속되어 왔기에 필요한 개념은 대부분 기출문제에 녹아있다. 기출문제를 철저히 분석할 필요가 있다는 말이다. 그런데 기출문제는 나중에 고3에서 과정이 모두 끝내고 하는 것이니만큼 지금은 기본을 기르는 데 충실할 때다.

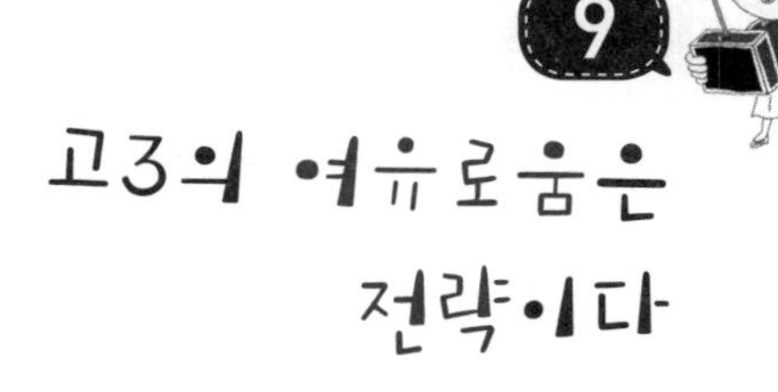

9 고3의 여유로움은 전략이다

욕을 먹는 것을 알아서 그런지 요즘에 와서는 별로 안하는 것 같지만, 대입시험에서 만점자들이 한결같이 다음과 같은 망언(?)을 했었다.

> "학원이나 과외는 하지 않았어요.", "잠은 여섯 시간 이상씩 충분히 잤어요.", "선생님 말씀을 집중해서 들었어요.", "어려운 문제는 며칠 동안 고민했어요.", "교과서만 보았어요."

그러면 많은 사람들이 이해하지 못했고 진짜라 믿지도 않았다. 그러나 한 번쯤 생각해보자. 그렇게 말하는 수석들이 정말 거짓말만 하고 있는 것일까? 그런데 어찌 이런 말이 예비고사세대, 학력고사세대, 수능세대 등 모든 세대의 수석들이 공통적으로 하고 있을까? 이들은 거짓말을 하고 있는 것이 아니다. 다만 이들의 공통점은 모두 고3에 국한하여 한 말이고, 또한 이렇게 하기 위해서는 고2까지 모든 과목을 끝냈다는 것을 의미한다. 고2까지 모든 과목을 끝내지 못했다면 따라 해서는 안 되는 방법이고, 만일 끝냈다면 수석들의 하는 말대로 여유롭게 해야 한다는 것을 의미하기도 한다. 즉, 고3은 여유로움을 갖는 것도 수능을 잘 보기 위한 전략이라 할 수 있다. 이제 수학으로 돌아가 보자!

수학은 고2에서 가장 많은 시간을 투자하여야 하며 이 기간이 앞으로 수학에서 성적향상의 기울기를 좌우하는 밑바탕이 되는 시기다. 그러나 고2에서 기본서를 10번을 끝내는 것이 수학은 워낙 과목이 많다 보니 쉽지 않을 것이다. 많은 아이들이 고3의 3월이나 4월까지 끌고 오게 되는데 그렇게 되면 정말 고3이 바빠진다. 최대한 당겨서 고2 겨울방학 때까지 만이라도 끝낼 수 있도록 최선을 다해야 한다.

그동안 수학을 하느라고 다른 과목을 소홀히 했다지만 다른 과목은 효율적으로만 한다면 모두 합해도 수학에 비해서 많은 공부양이 아니다. 이제 수학 기본서의 10회 반복 이후에는 이분화전략을 구사한다. 하루에 5시간을 확보해서 다른 과목을 '대나무학습법'으로 한다면 3개월 정도면 5회독을 할 수 있다. 그 밖의 시간은 여전히 수학에 시간을 쏟아야 한다.

수학 10회 반복 이후는 기출문제를 풀어라

수학 10회 반복 이후에 많은 선생님들이 수능연계 교재인 *EBS*를 풀라고 하겠지만, 수학에서 가장 먼저 해야 하는 것은 최근 5개년 수능 기출문제를 푸는 것이다. *EBS* 수능연계 교재도 수능 기출문제를 보고 문제를 만든 것이기에 수능 기출을 먼저 하는 것이 맞다. 보통 기출문제 분석은 여름방학에 하라는 말들을 많이 한다. 그러나 다른 과목은 그렇게 하는 것이 맞지만 수학은 너무 늦다. 기출문제 분석은 뒤에서 다시 다루겠지만, 수학은 기출문제 분석을 통해서 무엇이 나온다는 것을 알아도 보충하는 시간이 오래 걸린다. 그런데 조심해야 하는 것은 최근 수능 기출문제를 분석할 때는 다른 평가원 문제나 교육청 모의고사 문제를 포함시켜서는 안 된다. 오로지 수능 기출문제만을 분석해야, 몸이 수능 체질화되고 수능에 나올 문제와 나오지 않을 문제의 구별을 쉽게 한다.

아주 쉬운 문제를 배제하면 5개년이라 하지만 결국 70~80문제 정도다. 시간이 충분하니 천천히 그러나 철저하게 분석을 하는 작업을 계속해서 거의 외울 정도가 되어야 한다. 아마도 외울 정도라면 역시 10회는 해야 하지 않을까 생각하는데 이것을 위해서 3개월 정도를 쓰는데 절대 인색하지 않기 바란다. 수능 기출문제까지 풀었다면 이제 더 맞추어야 하는 것은 많아야 3~4문제 정도가 될 것이다.

수능 기출 이후에는 *EBS* 수능연계 문제집을 풀어야 하는데 문제가 너무 많다는 것이 단점이다. 많아도 너무 많다. 필요 없는 문제는 삭제하라. 쉬운 문제와 아는 문제를 삭제하게 되면 비록 여러 권이지만 많은 시간이 걸리지 않는다. *EBS*뿐만 아니라 시중의 다른 문제들도 시간이 허락하는 대로 *EBS*와 같이 필요 없는 문제를 삭제하고 모두 보기 바란다. 그리고 중간 중간에 평가원에서 출제한 문제나 교육청에서 출제한 문제로 자신만의 모의고사를 보아서 부족부분이 무엇인가를 체크하기 바란다.

부족부분이 많지는 않겠지만 이과 학생이라면 벡터문제, 적분계산문제, 미분, 미분이 사용되는 도형문제, 이차곡선문제들 중의 한두 개가 될 것이다. 한 문제를 더 맞히는 것이 고3이다. 필요하다면 관련 문제를 문제집에서 모두 찢어 모으고 끝까지 물고 늘어져서 완벽하게 해결해야 한다.

고3의 9월에 접어들면 듣지 말라던 인강을 들어라

9월에 접어들면 그동안 그토록 듣지 말라고 했던 인강을 들을 시간이 되었다. 인강을 듣는 목적은 기술 습득을 위한 것이다. 자신의 풀이와 달리, 문제를 빨리 푸는 기술을 가르치면 언제든지 인강 듣기를 중단하고 직접 풀어서 확인하는 작업을 해야 한다. 아무리 문제를 풀 수 있다 해도 정리되어있지 않다거나 오래 걸린다면 소용이 없다.

9~10월에 강의하는 선생님들의 강의는 현란하고 최적화된 풀이법을 제공하기에, 아마도 필자가 인강을 그동안 못 듣게 한 것이 원망스러울 정도일 것이다. 그러나 모든 것은 때가 있어서 만약 3월에 이런 강의를 들었다면 성적이 일부는 올라가겠지만 거기가 성장의 한계점이기 때문이다. 10월에 접어들면, 인강을 모두 접고 그동안 풀어 왔던 문제들만을 반복하면서 정리하여 11월의 수능시험에 자신감을 키워가면 된다.

이상으로 고3에서 수학을 공부하는 방법을 대략적으로 짚었다. 겉보기에는 수능 기출문제를 10회 반복하는 것과 *EBS* 문제와 시간이 허락하는 대로 시중의 문제를 모두 풀라고 하니, 무척 바쁠 것이라는 생각이 들 수 있다. 그러나 필요 없는 문제를 삭제하면 반대로 여유가 있다. 그리고 2학년까지 연산력과 개념을 잡았다면 3학년은 여유로운 공부를 해야 한다. 그래서 필자는 고3에서 바쁘다면 고득점은 끝난 것이라는 말을 한다. 학생들이 고3 공부 시간에 가장 많은 시간을 소요하는 수학의 개념이나 계산문제를 끼워 넣기 때문에 바쁜 것이다.

수능문제는 항상 새롭게 출제되기 때문에 시중의 문제집에서 보거나 풀어 볼 수 있는 문제가 아니다. 수능에서 변별력을 갖춘 문제는 주로 신유형, 실생활문제, 단원 간 통합의 문제로 약 5개 정도다. 이들을 푸는 방법을 익힐 수는 없고 결국 그 안에 있는 개념만 문제를 풀 수 있도록 도움을 줄 뿐이다. 문제 풀기에 급급하다면 문제 속에서 절대 이들 개념을 습득할 수 없다. 그래서 고3은 바빠서는 안 된다. 아니 고3이 바쁘지 않도록 2학년의 수학공부를 철저히 해야 것이다.

10
고3은 기출문제 분석으로 수능에 대비하라

기출문제 분석은 수학의 내용이 아니지만 최근 몇 년간 아이들을 가르치면서 새롭게 깨달았던 부분이 있기에 언급하려고 한다. 의외로 아이들이 기출문제 분석을 할 줄 모르는 것을 본다. 이 내용은 필자의 다른 책에도 없는 것이라서 심혈을 기울여 설명해보겠다.

'대나무학습법'으로 공부하지 않는 학생들은 대부분 내신에 따라 움직이며 모든 과목에 충실히 하려고 한다. 예습과 수업, 그리고 복습을 넘나들면서 1학년을 보내고, 다시 한 해를 뒤돌아보면 열심히 했건만 기억나는 것은 별로 없었던 경험을 누구나 해 봤을 것이다. 이런 공부법은 현재 공부하는 부분만 기억 할 뿐 장기기억으로 가져가는 방법이 아니기 때문이다. 그런데 이것을 모르는 학생들은 자신이 더 열심히 하지 않은 것을 자책하며 2학년에서도 같은 방법으로 열심히 공부한다. 이렇게 2년간을 열심히 공부했건만 여전히 하나도 끝내놓은 과목은 없고, 대부분의 과목에 구멍이 숭숭 뚫려 있으면서 수학의 비중만 커진 상태로 고3을 맞이한다.

고3이 되면 학교의 많은 교과과정이 끝나고 문제집 풀이에 들어가게 된다. 문제집을 풀면 그 자체로는 실력이 올라가는 것이 아니라 부족부분이 무엇인지를 알게 된다. 이것도 부족하고 저것도 부족하고 부족부분이 많으니 정신없이 메우다가 바쁘기만 할 뿐이다. 설상가상 부족부분이 메워지지 않으니 실력은 그대로라 이때 많은 학생들이 소위 말하는 멘붕 상태가 되고 만다.

많은 학생들이 닥치는 대로 부족부분을 메우다가 고3의 1학기를 보내고 많은 선생님들이 말하는 것처럼, 고3의 여름방학은 기출문제를 분석하려고 한다. 분석을 하려면 일정 정도의 실력을 갖추고 있어야 가능하다. 그런데 그렇지 못하니 대부분의 아이들이 기출문제들을 한번 풀어보고는 기출문제를 분석했다고 말한다. 이런 식이면 그냥 문제집을 하나 더 푼 것밖에 아무런 효과가 없다.

고3의 3월경쯤 각 과목에 기본서를 한권씩 선정하고, 하루 5시간을 확보하여 '대나무학습법'에 돌입하면 3~4개월이면 5회 정도의 반복과 단권화 작업을 할 수 있게 된다. 그러면 기출문제 분석을 할 준비가 다 되었다. 사실 기출문제 분석은 선생님들처럼 실력이 뛰어나지 않는다면 분석이 제대로 이뤄질 수 없다. 그래서 학생들이 할 수 있는 기출문제 분석이라는 것은 출제 방향을 아는 것만으로도 충분하다.

먼저 기출문제와 기본서를 함께 놓고 수능에서 출제된 문제를 기본서에서 찾아서 해당 부분에 작은 동그라미를 친다. 그러면 기본서에 기출문제가 나온 곳이 모두 표시되며, 기출문제 분석이 끝난다. 기출문제 분석이라고 거창하게 말한 것과 비교할 때 참 쉽지 않나? 5번을 반복하면 기출문제가 기본서의 어느 부분에서 나왔는지를 찾는 것이 오래 걸리지 않아서 며칠이면 작업을 완료할 수 있다. 그래서 이런 방법을 아이들에게 알려주면 무척 좋아한다. 그러면서 던지는 질문 중에 '단원 간 통합 문제는 어떻게 표기하느냐'다. 기특하지 않나? 그러면 필자는 비밀을 알려주는 것처럼 조심스럽게 알려준다.

"양쪽에 모두 동그라미를 하고 기본서에 간단하게 '무슨 무슨 단원 통합문제' 적으면 된단다."

이제 수능에서 자주 나온 부분은 기본서에 포도송이처럼 동그라미가 많다. 앞으로도 계속 기본서를 보아야 하는데 어느 부분이 특히 중요부분임을 알게 되니 더 집중할 수 있게 된다. 기출문제 분석

이전에는 무엇이 중요한지 몰라서 모든 것을 열심히 했다면 이제 무엇이 더 중요한 것인지 알게 되어 강약조절이 가능해진다.

시험은 전에 나오지 않은 부분에서 나오는 것이 아니라 이미 나왔던 부분에서 다시 출제가 된다. 포도송이처럼 중요도가 표시된 부분은 다시 나올 가능성이 높은 부분이라서 단순히 기본서에서만 처리할 문제가 아니다. 필요하다면 그 부분에 해당하는 교과서 수준을 넘더라도 더 많은 자료를 조사하여 공부를 하거나 좀 더 깊고 완전하게 해놓아야 한다. 출제자의 입장에서 볼 때, 중요부분을 출제하려 하는데 이전에 출제된 것을 감안하면 아무래도 새로운 것을 출제하려고 할 것이다. 개념은 교과서의 범위를 넘지 않는다고 주장하겠지만, 결국은 학생의 입장에서 교과서를 넘어간 것이 된다.

수학의 경우도 위처럼 하면 기출문제 분석은 된다. 그런데 수학은 기출문제가 어디에서 나왔고 어디에서 주로 출제 가능성이 있다는 것을 이미 선생님들이 다 알아서 얘기해주실 것이다. 모두 오픈되어 있다는 것이다. 수학은 어디에서 출제 된다는 것을 안다 해도 실력이 뒷받침이 되지 않는다면 아무 소용이 없다. 그래서 기출문제를 10회 이상 풀고 그 안에 있는 개념을 하나하나 잡으라고 한 것이다.

11

깊이 있는 공부법의 5가지 키워드: 감정성, 반복성, 이해성, 순서성, 확장성, 대칭성

수능수학에서 출제될 학습내용과 개념은 이미 정해져 있다. 그런데 분량이 많다 보니 학생들이 당장의 어려움을 극복하는 방법으로 문제풀이 기술에 몰두하고 있다. 이런 방법으로는 학습의 내용과 개념을 계속해서 기억하기가 어려워서, 장기적으로는 더 많은 공부 시간을 투자했음에도 얕은 지식에 머무르는 지극히 비효율적인 방법을 사용하고 있다. 공부를 함에 있어서 안다는 것에 다시 생각해보아야 한다.

반에서 성적이 중간 정도 하는 아이나 1등을 하는 아이나 아는 종류에 있어서는 비슷하다. 아는 종류가 비슷함에도 불구하고 성적이 서로 다른 것은 얼마나 정확하게 아느냐의 차이 때문이다. 아이들에게 무언가를 가르치다 보면 중간정도의 실력을 가진 아이들이 "그거 저도 알아요." 하며 가장 먼저 치고 들어온다. 그래서 문제를 풀어보라고 하거나 설명해보라 하면 갑자기 잊어버렸다거나, 한 문제만 풀어주면 다른 문제를 풀 수 있을 것이라는 말을 한다. 이에 비해 1등을 하는 아이는 문제를 풀기는 하지만 역시 설명은 하지 못한다.

여기에서는 좀 더 깊이 있는 공부법을 여섯 가지로 나누어 설명하겠다. 중간과 1등의 차이가 단지 반복의 횟수의 차이만 있을 뿐이지, 결국 필자의 눈에는 중간이나 1등이나 수능이 요구하는 깊이와 확장성을 해결하기에는 역부족으로 보인다. 이것은 단지 아이들만의 탓이 아니다. 오히려 학교, 학원, 인강 등에서 가르칠 때, 분량이 많다 보니 어느 곳이나 모두를 가르칠 수 없고 항상 핵심이 되는 중요한 것만을 가르치는 탓이 더 크다. 마음이 급한 학생과 선생들의 합작품이라는 말이다.

공부는 감정이 한다 _감정성

많은 뇌 과학자들이 감정과 기억은 밀접한 관계를 가지고 있다고 한다. 감정과 기억의 메커니즘을 필자는 잘 모르겠지만, 한 가지 분명한 것은 수학을 잘해야겠다고 마음을 먹지 않으면 잘할 수 없다는 사실이다. 수학공부 최대의 적도 수학 자체에 있는 것이 아니라 귀찮음과 두려움이라는 마음으로부터 비롯된다. 수학을 하나하나 해나가는 과정은 그야말로 귀찮음의 연속이고, 게다가 어려운 문제는 사람을 두렵게까지 한다. 그런데 수학을 필요 이상 두려워해서 아는 것도 사용하지 못하는 경우를 본다.

농구의 황제 마이클조던은 '나의 자신감은 무수히 많은 노력의 결과다'라는 말을 했다. 자신감도 거저 얻어지지 않는다. 무수히 많은 노가다와 개념을 정립하고 이것을 적용시키다 보면 자신감도 생기고 자신이 아는 것을 자유롭게 사용할 수 있게 된다.

다음의 한 걸음을 내디딜까 말까하며 '성실'과 '불성실' 사이를 왔다 갔다 하는 아이들이 많다. 끊임없이 무언가를 해야 하는 것보다는 무언가를 해야 하는데 하지 않았을 때가 더 많은 에너지를 소모한다. 자신이 그은 한계를 넘는 것은 쉬운 일은 아니다. 그러나 한계를 모두 넘으라는 말이 아니다.

조금만 넘어보자! 문제를 풀다가 어려운 지점을 만나면 바로 그 지점이 성장할 수 있는 지점이고 기회다. 이렇게 조금씩만 앞으로 나가다 보면 이것이 누적되었을 때 남들이 보기에 뛰어넘을 수 없이 보일만큼 앞서게 된다. 안 풀릴 거라고 생각하는 문제를 풀려고 하는 것이 바보 같은 짓이라고 생각하는 것이, 가장 바보 같은 일이다. 수학을 공부하는 이유는 시험을 준비하는 것이고 시험은 남들보다 잘 보면 되는 게임이다. 내가 공부하다가 어려우면 남들도 어려울 것이고, 남들이 좌절하거나 회피했을 것 같은 지점에서 조금만 더 나아가면 된다. 수학은 깊이와 다양성 때문에 많은 연습을 해도 완벽하게 해결할 수는 없지만 적어도 이런 마음으로 한다면 두려움만큼은 해소할 수 있다.

머리는 스토리를 기억한다 _반복성

큰 수에서 작은 수를 빼고 1을 더하면 항의 개수, 직선의 수직조건은 두 기울기의 곱이 −1, 지표에 1을 더하면 진수의 자릿수가 된다는 등 1이나 −1을 외우면 당장 문제를 풀 수 있다. 배울 때 당장 1이나 −1을 외우는 것은 너무도 쉽지만 수학에서 달랑 한 숫자만 외우면 되는 종류들은 너무도 많다. 게다가 장기적으로 이런 방식은 머리에서 기억하는 방식이 아니다. 시간을 아껴가며 영어단어를 외우고 수학공식을 외우며 이런 문제는 이렇게 푼다는 등의 공부는 비효율의 극치다. 이런 식으로 공부한다면 계속해서 엄청난 반복이 있어야 기억을 지속한다.

예를 들어 수학공식을 외워서 그 자리에서 수십 문제를 푸는데 몇 시간을 사용했다고 하자! 당장은 공식을 외운 듯이 보이지만 곧

그 공식은 머릿속에서 사라질 것이고, 이를 위해 사용한 몇 시간도 동시에 허공으로 날아가는 것이다. 머리는 의미 없는 파편조각들을 기억하지 않고 모든 기억은 스토리 형태로 기억을 한다. 간단한 공식이나 숫자를 외우는 것이라 할지라도, 이것이 나오기까지를 전부 꿰뚫어 줄줄 얘기할 수 있는 덩어리로 만들어야 머리는 기억을 하기 시작한다.

수학에서 스토리를 만드는 과정은 주로 개념을 습득하는 것과 같다. 그런데 대부분의 책이나 수업에서 개념을 정확하게 가르쳐주지 않는 경우가 많다. 개념을 최대한 익히려고 해야겠지만 배울 기회가 없다면 최악의 경우지만 무수히 반복이라도 해야 한다. 당장 필요해서 무수히 반복했다 해도 결국은 잊어버릴 것이기에 반드시 개념을 잡을 기회를 노려야 한다. 물론 개념을 통한 공부도 역시 반복을 해야만 한다. 그러면 먼 훗날 사회인이 되어서 공식은 잊는다 해도 사고법은 잊지 않아서 논리적인 사람이 될 것이기에, 대학이 수학 잘하는 사람을 요구하는 것이다.

정확하게 알아야 깊이를 해결한다 _이해성/순서성

개념을 안다 해도 바로 문제에서 적용하거나 깊이 있게 되지는 않는다. 이것이 개념을 회피하게 하는 또 다른 원인이 되지만 문제가 어려울수록 개념은 그 의미를 더한다. 수능 3등급까지는 정형화된 풀이의 문제를 모두 맞히고 많아야 4점짜리를 3~4개만 더 맞추면 되니, 어쩌면 개념이 중요하지 않을지도 모른다. 그러나 3등급에서 2등급으로 올라가려 하거나 그 이상의 향상을 가져오려면 개념을 정확하게 잡는 것은 필수다. 이 작업 없이는 절대 3등급이 2등급이 나오지 않으며 2등급이 나오지 않고 곧바로 1등급으로 올라서는 경우는 없다고 보아야 한다.

수능은 개념을 깊이 알기를 요구하기 때문이다. 그런데 대개의 개념은 그 의미가 깊고 넓어서 한꺼번에 알기가 어려운 경우가 많다. 그래서 고2에서 개념이 나름 확실하게 정립되면 고3에서는 다양한 문제를 적용해가면서 깊이를 더해가라고 하는 것이다. 그런데 개념의 덩어리가 크면 한꺼번에 직관적으로 이해하기 어려우니 절차적 지식이 강조되기도 한다. 이 말은 개념의 이해에는 순서가 있다는 방증이기도 하다. 처음에는 순서를 잘 지켜야겠지만 점차 이해도를 넓혀서 의도적으로 순서를 무시하는 수준으로까지 진행되어야 한다.

예를 들어 구구단을 외울 때 바로 외웠다면 다시 거꾸로 외워야 아무 구구단이나 나오는 것과 같은 이치다. 사람은 어떤 순서에 입각해서 무언가를 받아들이는 경우가 많은데, 개념의 일부만 꺼내 사용할 수 있어야 깊이와 확장으로의 이전이 가능하다.

전체를 알아야 정리와 확장이 가능하다 _확장성/대칭성

당장 문제를 풀기 위한 기술을 배우는 것에 비교해볼 때 개념을 습득하는 것은 훨씬 더 많은 시간과 귀찮음, 그리고 어려움이다. 게다가 필요하지 않은 공부까지 하는 것 같아 억울한 느낌이 들 수도 있다. 그러나 개념을 하나 세우는 것은 마치 황량한 벌판에 하나의 커다란 말뚝을 박는 것만큼이나 유용하다.

이 말뚝은 수학문제를 풀면서 이정표 역할을 할 것이며, 개념 이후의 지식들을 익히면서 모두 이 말뚝에 매어놓는다고 생각하면 된다. 새로운 지식들은 대부분 망각 속으로 사라지지만 이 말뚝에 매어놓은 것들은 적은 반복에도 불구하고 기억에서 사라지지 않기 때문이다. 설사 잊어버린다 해도 말뚝을 떠올리며 생각해보면 재생이 가능해진다. 공부를 잘하는 아이들이 한 번 들은 것을 척척 기억하는 이유기도 하다. 그래서 개념을 배우고 익히기 위해서 고2에서 10번을 반복하라고 한 것이다.

개념이 튼튼하다면 고3에서 공격적으로 다양한 응용문제를 풀면서 계속 개념에 추가해놓으면 망각의 굴레에서 벗어나 최대의 효과를 얻을 것이다. 또한, 어떤 개념을 배우고 익힐 때 스스로 확장하려면 전체를 생각해보거나 대칭성을 생각해보는 방법이 있다. 우주의 대부분은 대칭성을 갖추고 있으니 수학문제 또한 마찬가지다.

에필로그

공부의 진보, 축적과 발전 가능성

어떤 일에 대한 의견은 자신의 성품을 드러내는 일이기도 하다. 책을 낼 때마다 필자의 부족한 성품을 드러내는 것이라고 생각하면 오금이 저려온다. 특히 이 책은 나름 자제하려고 했지만 다른 책들보다 필자의 생각이 많이 담겨 있다. 필자의 생각을 전하다 보니 내용 중에는 정부나 수학자, 선생님들에 대하여 다소 과격한 표현을 한 것 같다.

노자가 말하길 '아는 자는 말하지 않고 반대로 말하는 자는 모른다'고 했다. 또한 말은 뜻을 나타내는 것이니 뜻을 다 알게 되면 그 말은 잊어버리라고도 한다. 필자의 뜻을 이해하였다면 다소 까칠한 표현은 잊어주었으면……. 그럼에도 불구하고 여전히 책을 쓰는 것은 기존의 것과 무언가가 다를 때 써야 한다고 생각한다. 그동안 20여 권을 썼는데 앞으로도 계속 쓸 예정이다. 여러 권의 책을 낸다는 것은 그만큼 필자의 생각이 다른 사람들의 생각과 다른 부분이 있기 때문일 것이다. 무엇이 다를까를 생각해보니 두 가지로 압축되는 것 같다.

첫째, 얼마나 많이 머리에 집어넣느냐가 아니라 얼마나 머리에 남았느냐가 중요하다.

많은 사람들이 머리에 많이 집어넣는 것에만 초점을 맞추는 것 같다. 아이의 머리에 얼마나 남았느냐는 보이지 않으니 관심이 없고,

오로지 무언가 아이에게 도움이 될 것이라는 막연한 기대 속에서 이것저것 교육을 하다 보니 사교육 광풍이 일어나는 것이다. 많이 넣었다 해도 머리에 남는 것이 없다면 무슨 소용이 있겠는가? 게다가 계속 집어넣으면서 아이보고 생각하라는 것은 모순이다. 그래서 돈으로 공부를 시킬 수는 있어도 아이에게 생각하게는 할 수 없다고 했다. 예를 들어 200개의 낮은 지식보다는 선택과 집중을 통해서 정확하게 머리에 자리한 2~3개의 개념에 살을 붙이는 작업이 더 쉽고 빠르고 재미있으며, 200개보다 더 많은 지식의 확장을 가져온다.

둘째, 교육에서 '발전가능성'이라는 것을 뺀다면 쭉정이라고 생각한다.

많은 교육이 아이의 재능을 강조하며 현재 상태의 아이가 가지고 있는 것만 극대화하려 하고 발전가능성을 차단하는 것을 본다. 예를 들어 '50분 공부 10분 휴식 그리고 다른 과목 공부'는 과학적으로 현재 아이가 가지고 있는 20~30분의 집중력을 감안한 것이고, 과목을 바꾸는 것은 뇌의 다른 부위를 쓰도록 하자는 것이다. 이것이 현재 아이가 가지고 있는 능력을 효율적으로 쓴다는 관점에서는 맞다. 그러나 발전가능성으로 보면 앞으로 아이가 연속해서 2~3시간으로 집중력이 길어질 수는 없다.

학교는 제도라서 일개인이 어찌할 수 없을지라도, 집에서 한번 공부에 점차 오랫동안 하게 함으로써 집중력의 발전가능성에 주목해야 한다. 강의나 수학책도 마찬가지다. 아이들을 상위권, 하위권 등 등급을 나누어서 하위권들에게는 개념이나 원리가 아니라 문제를 쉽게 푸는 기술을 가르치고 상위권에게는 어려운 문제나 개념을 가르치는 것을 본다. 하위권의 아이들은 원래 생각하려하지 않으니 쉽게 문제를 푸는 기술이나 배우라는 말인가? 하위권의 발전가능성을 원천 차단하는 것이라서 뭐하는 짓이냐고 일갈하고 싶은 심정이다.

문제를 푸는 기술만 가르치는 것은 망각률이 높고 효용가치가 적어서 만약 상위권이라도 이처럼 문제 푸는 기술만 가르치면 못하게 되었을 것이다. 이런 식으로 가르치면 하위권은 항상 하위권에만 머무르고 공부를 잘하는 아이만 계속 잘하게 될 뿐이다. 수학은 어려운 개념은 없고 쉬운 개념이 여러 개 뭉쳐서 어려운 문제를 만들 뿐이다. 하위권에도 개념을 가르쳐서 상위권으로 치고 갈 수 있는 길을 제시해야 결국 상위권도 좀 더 발전하게 된다. 또한 학부모의 경우에도 성적과 실력 사이에서 자칫 성적 위주로 생각이 고정되면 자칫 발전 가능성을 제해하는 요인으로 작동할 수 있다. 성적과 실력이 비례하는 듯이 보이지만 성적이 실력이 아니라 기술적인 결과일 수 있다.

수능시험이 아니라면 성적보다는 실력이 자라는 방향으로 포커스를 맞춰야 발전가능성을 염두에 두는 것이 된다.

아이가 대학에 들어갈 때까지 18년이 걸리니 한 사람의 독립된 인간으로 키워내는 데 참으로 긴 시간이 소요되는 것 같다. 신은 시간을 낭비하지 않는다는 말이 있지만, 이 긴 기간을 처음 키워보는 자식을 어찌 오류 없이 키울 수 있겠는가? 그러나 무언가를 시도하다가 완전한 실패로 끝나는 경우는 거의 없다. 생각하는 사람은 성공뿐만 아니라 실패와 좌절로부터 많은 것을 얻는다고 한다. 실패로부터 얻는 것이야 말로 지혜다. 바로 이 지점이 어리석은 자와 영리한 자의 갈림길이다. 그래서 최대의 과오는 자신의 과오를 보고도 깨닫지 못할 때다.

장자는 나이 60에 60번의 생각이 바뀌었다고 한다. 플라톤도 '검토되지 않은 삶은 살 가치가 없다'라는 다소 과격한 말을 남겼다. 생각이 바뀌는 것이 자랑이 아니며 바꾸지 않는 것 역시 자랑거리가 아니다. 그만큼 깊게 생각하는 것이 없었기 때문에 바뀌지 않았을 수도 있기 때문이다. 중요한 것에 의식적으로 노력하지 않는 것은 무의식적으로 중요하지 않은 일에 노력을 기울이는 것과 같다고 한다. 부모로서 최선의 적은 무난함이라는 것을 새기며, 부모도 공부하고 생각하여 최대한 실수와 오류를 줄이는 것이 최선이라 생각한다. 비록 자녀를 가르치는 길이 어려운 길이지만 진인사대천명(盡人事待天命)이라고 했다. 그리고 장기적으로 행운도 노력하는 사람에게 온다고 하지 않던가?

조안호

유쾌한 수학 콘서트

{부록}

대학에 들어갈 때까지의 '수학로드맵'